Kopernikus
Galilei
Riemann
Lobatschewski
Kepler
Newton
Einstein
Descartes
Poincaré
Gauß
Gödel
Euler
Fermat
Boole
Cantor
Turing
Leibniz
Wiles
Babbage
Lovelace
Shimura
Taniyama
NEUZEIT
19.–21. JAHRHUNDERT

MATHEMATIK

Die Geschichte der Ideen und Entdeckungen

Text:
Josif Rybakow
Marija Astrina

Illustration:
Natalja Jaskina

Verlagshaus Jacoby Stuart

EINLEITUNG

Was soll das sein, eine „Geschichte der Mathematik"? Geschichte ist doch etwas ganz anderes als Mathematik! Es ist sogar oft so, dass diejenigen, die sich für Geschichte interessieren, sich überhaupt nicht für Mathematik interessieren, und umgekehrt. Warum sollte man also so unterschiedliche Themen zusammenbringen?

Aber die Mathematik hat eine Geschichte! Schließlich unterscheiden sich die Kenntnisse der Frühmenschen ziemlich deutlich von dem, was heute an den besten Universitäten der Welt gelehrt wird. Wie hat es die Menschheit von den einfachsten Rechenoperationen bis hin zu den komplexesten Theoremen geschafft? Genau diese Frage wird unser Buch beantworten. Abgesehen davon spielte die Mathematik auch eine große Rolle in der Geschichte. Denn Geschichte besteht nicht nur aus zermürbenden Schlachten, Belagerungen und triumphalen Siegen. Wo stünde die Menschheit heute, wenn es nicht die mathematischen Entdeckungen der Vergangenheit gegeben hätte? Und wohin werden uns die Entdeckungen führen, die die Wissenschaftler:innen heute machen? Solche Fragen sind schwer zu beantworten, und der Mathematik kann eine solche Antwort begründen.

Es ist wichtig, die Geschichte der Mathematik zu kennen, und es ist interessant und faszinierend, sich in sie zu vertiefen. Und kommt ja nicht auf die Idee zu sagen: „Ich bin schlecht in Mathe, und deshalb werde ich es auch zu schwer finden, die Geschichte der Mathematik zu verstehen." Alle komplexen mathematischen Probleme in diesem Buch werden gut verständlich erklärt werden, aber es wird immer noch genügend Stoff zum Nachdenken geben.

Und wenn euch wiederum Geschichte schwerfällt, ist auch das kein Grund zur Sorge. Das Wichtigste ist, dass wir uns daran erinnern, dass vor unserer Zeitrechnung die Chronologie andersherum gezählt wird: vom 3. Jahrtausend zum 2., vom Jahr 100 zum Jahr 99. In der Zeit „nach Christi Geburt" geht die Chronologie dann den üblichen Weg: vom 99. zum 100. Jahr, vom 2. zum 3. Jahrtausend. Übrigens, wenn ihr euch gefragt habt, wo das Jahr 0 in unserem Kalender steht, solltet ihr keine Zeit mehr für diese langweilige Einführung verschwenden, sondern sofort zum Hauptteil weitergehen!

INHALT

DIE ANFÄNGE DER MATHEMATIK

Die Menschen lernen zählen

Wie gut sind Tiere im Rechnen? Diese Frage quält viele Menschen, und die Antwort ist nicht so einfach, wie es auf den ersten Blick scheinen mag. Natürlich wird jeder Zoologe dir sagen, dass Kaninchen nicht dividieren können und Nashörner vermutlich nicht mit der Integralrechnung zurechtkommen. Doch jede Ente hat alle ihre Entenküken im Blick und wird keines von ihnen verlieren, auch nicht bei schlechtem Wetter. Solche „Tier-Mathematik“ stand auch den frühesten Menschen zur Verfügung. Sie konnten die Entfernung zu einem Mammut mit dem Auge abschätzen und wussten instinktiv, wie viele Jäger nötig waren, um es einzukreisen. Schritt für Schritt lernten die Urmenschen das Zählen und Rechnen.

Während Zoologen Tiere beobachten, beobachten Ethnologen Zeitgenossen, die auch heute noch so leben wie die frühe Menschheit. „Es ist bemerkenswert“, sagen Ethnologen, „dass auf Inseln in der Nähe Australiens lebende Stämme verschiedene Zahlen für längliche und für runde Gegenstände verwenden.“

Diese Menschen haben noch keine echten Zahlen. Dasselbe traf wahrscheinlich auch auf die vorgeschichtliche Menschheit in der Steinzeit zu, also mehr als zehntausend Jahre vor Christus. Allerdings haben wir kaum andere Quellen über diese alten Zeiten, weil es noch keine geschriebene Sprache gab.

Die Menschen der Vorzeit konnten aber schon Mathematik, bevor sie mit dem Zählen begannen. Bevor sie die Zahlen kannten, benutzten sie bereits ganz alltäglich Begriffe wie „mehr“, „weniger“ oder „gleich“. Wenn verschiedene Stämme unterschiedliche wertvolle Dinge austauschen wollten, legten sie sie einfach auf den Boden. „Das hier sind Steinmesser!“ – „Und wir haben diese großen getrocknete Fische für euch!“ Da wurde nicht geschummelt! Vor jedem Fisch lag ein Messer, und so konnte jeder sehen, dass der Handel fair war. Dabei hatten die Häuptlinge, die den Tausch guthießen, keine Ahnung, wie viele Messer und Fische da gerade ausgetauscht wurden. Zahlen waren ja noch nicht erfunden.

Zu Cantor und seiner Mengenlehre s. S. 145

So ähnlich machten es auch die ersten Hirten. Wenn sie ihre Herde in den Pferch trieben und sichergehen wollten, dass kein Tier verloren ging, hatte der Hirt für jedes von ihnen ein flaches Stück getrockneten Lehm. Wenn er seine Schafe zählen wollte, legte er für jedes eines der Lehmstücke von einem auf einen anderen Haufen. Und wenn auf dem ersten Haufen noch ein Lehmstück übrig war, wenn alle Schafe im Pferch waren, bedeutete das, das ein Schaf verloren gegangen war und sofort gesucht werden musste.

Allmählich lernten die frühen Menschen zu zählen. Als Erstes zählten sie alle Sonnen am Himmel und stellten fest, dass es nur genau eine Sonne am Himmel gab. So nannten sie die erste Zahl – eins – nach der Sonne, lateinisch *sol* – wie in solo, einzig. Wenn sie „eins" sagen wollten, sagten sie „so viele, wie es Sonnen gibt", und jeder wusste, was für eine Menge gemeint war. Dann fingen die Menschen an, bis zwei zu zählen. Manche Völker zählten die Zahl der Augen und nannten ihre Zwei nach ihnen, andere begannen mit den Flügeln der Vögel.

Die anfängliche Nähe der Wörter für „eins" und „Sonne", hat sich in der Sprache bewahrt. Nimm zum Beispiel das Wort „Solist", das aus dem Lateinischen kommt. Der Solist ist jemand, der sein Musikstück allein spielt, so wie die Sonne allein am Himmel scheint.

Einige Stämme in Australien zählen auch heute noch nur mit Einsen und Zweien. Allerdings zählen sie nicht weiter als bis 20.

Die Zahlen 5, 10, 15 und 20 waren für die Menschen nicht besonders schwer. Man kann sie „anhand“ der eigenen Finger lernen.

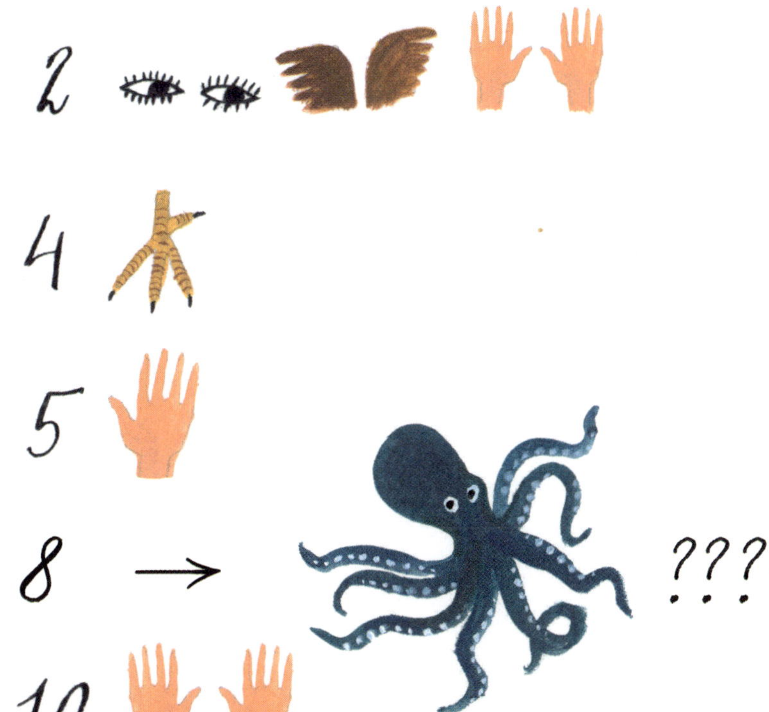

Um auf die Zahl acht zu kommen, mussten die Menschen der Vorzeit einen Oktopus fangen. Aber das ist natürlich ein Scherz.

Die Zahl 3 war für die Naturvölker besonders schwierig, denn nichts in der Natur ist dreiteilig. Zunächst bedeutete „drei“ einfach nur viele. Wenn also Iwan der Narr im Märchen drei Tage und drei Jahre unterwegs ist, um das Land Ganzganzfern zu erreichen, heißt das, dass er weit und lange gereist ist und noch lange nicht angekommen ist.

Übrigens, durch den Vergleich der Wörter für die Zahlen bei verschiedenen Völkern haben die Sprachwissenschaftler herausgefunden, wann ungefähr die Menschen gelernt haben zu zählen. Diese Information war in der Sprache versteckt; archäologische Ausgrabungen waren nicht nötig!

Englisch	Spanisch	Polnisch	Lateinisch	Hindi	Sanskrit	Italienisch
one	uno	jeden	unum	ek	eka	uno
two	dos	dwa	duo	do	dvi	due

Die Wörter für die Eins und die Zwei sind in vielen europäischen Sprachen ähnlich, denn sie gab es schon in der proto-indoeuropäischen Sprache, auf die diese zurückgehen.

Auch wenn jemand schon gelernt hatte, bis 20 zu zählen, war das noch nicht genug. Zum Beispiel wenn es darum ging, eine große Herde zu zählen. In einer solchen Situation musste jemand anderes zu Hilfe gerufen werden, und danach noch jemand und sogar noch jemand.

Diese Art von Mathematik wurde noch vor 100 Jahren von den Tschuktschen in Sibirien verwendet. Sie brauchten ihre Rentiere nicht zu zählen, weil sie sich an sie erinnerten wie eine Ente an ihre Küken. Aber wenn ein Fremder sie fragte: „Wie viele dieser schönen Tiere mit den verzweigten Hörnern habt ihr eigentlich?" – dann erinnerte sich der Stammesälteste, ohne sein Zelt zu verlassen, an jedes einzelne Tier der Herde. Und er krümmte für jedes einen seiner Finger, und wenn die nicht reichten, rief er nach einem Mitglied seines Haushalts und bog dessen Finger. Und so weiter, bis alle Rentiere gezählt waren. Er nannte die genaue Zahl und wunderte sich selbst: „Sind es so viele?"

Diese Geschichte stammt aus einem Buch des Schriftstellers Tichon Sjomuschkinka, der viele Jahre bei den Tschuktschen gelebt hat.

Die Messung der Zeit: Die erste Uhr

Was könnte schwieriger sein, als eine riesige Herde Rentiere zu zählen? Tatsächlich ist es noch viel schwieriger, die Zeit zu zählen. Um herauszufinden, ob es bald Nacht wird, helfen weder kleine Lehmkuchen noch die Finger von zwei Händen.

Zu den babylonischen Astronomen s. S. 73

Das einzige geeignete Instrument, das den frühen Menschen zur Verfügung stand, war die Sonne. Je nachdem, ob sie hoch am Himmel stand oder sich schon zum Horizont neigte, konnte man abschätzen, ob es Zeit war, nach Hause zu gehen, oder ob es noch möglich war zu jagen.

Um einen Zeitpunkt genauer zu bestimmen, sind ganz urtümliche Sonnenuhren hilfreich – ein großer Stein und ein in den Boden geritztes Zifferblatt um ihn herum. Die Richtung des Schattens gibt nun die genaue Uhrzeit an.

Nachts hatten es die frühen Menschen schwerer. Erstens heulen die Eulen so unheimlich, dass man eine Gänsehaut kriegt, und zweitens gibt es keine Sonne am Himmel – es gibt keine Möglichkeit, die Zeit bis zur Morgendämmerung zu bestimmen. Es gab keine Möglichkeit zu sagen, wie spät es ist. Wir mussten erst lernen, die Zeit nach den Sternen zu bestimmen.

Die Menschen der Vorzeit stellten fest, dass die Sterne am Nachthimmel ständig in Bewegung waren und nur ein Stern fest an seinem Platz saß. Manche Völker nannten ihn den Nagel des Himmels. Wenn wir lange und intensiv in den Nachthimmel schauen, werden auch wir heutigen Menschen feststellen, dass sich die Sterne bewegen. Aber anders als ein Beobachter der Vorzeit wissen wir, dass es nicht die Sterne sind, die sich bewegen, sondern unser Planet selbst. Er dreht sich um seine Achse wie ein Basketball auf unserem Zeigefinger. Wo der Finger den Ball berührt, ist der Pol des Balls. Wenn auf der Oberfläche eines Balls kleine Männchen lebten, würden auch sie denken, dass nicht sie sich drehten, sondern alles um sie herum. Das Einzige, was für sie unbewegt wäre, wäre der Zeigefinger des Basketballspielers. Und genau über dem Pol der

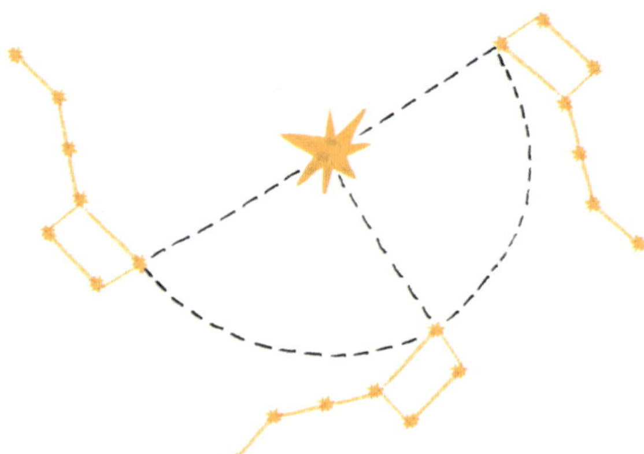

Zu den griechischen Astronomen s. S. 76

Erde steht der Polarstern, der unbewegliche „Nagel am Himmel". Wenn du die Hinterachse des Großen Wagens und zugleich den „Himmelsnagel" genau im Auge behältst, wirst du feststellen, dass sich diese Achse wie der Zeiger einer Uhr um den „Nagel" dreht und in einer Nacht einen Halbkreis zurücklegt. Dieser praktische Mechanismus ermöglicht es, die Uhrzeit in der Nacht abzulesen.

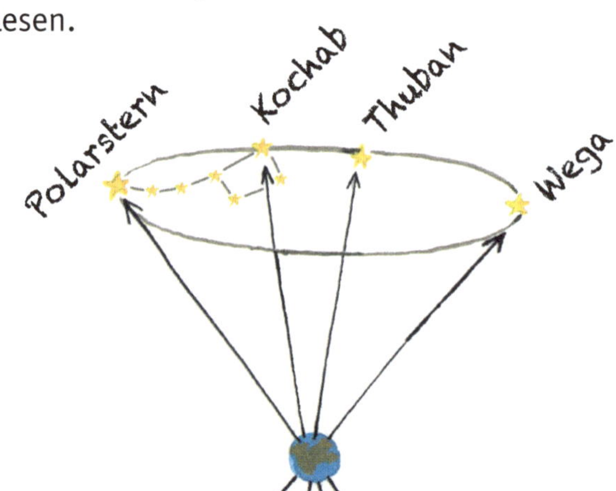

Aber das Seltsame ist: Die Rotationsachse der Erde hat sich im Laufe der Zeit verschoben.
Vor 12.000 Jahren stand der Stern Wega unbeweglich über ihr. Mit seiner Hilfe konnten die Menschen der Vorzeit die Nachtzeit genau bestimmen. Zur Zeit der alten Ägypter stand der Thuban aus dem Sternbild des Drachen „starr" am Himmel, und vor zweitausend Jahren, zur Zeit der Griechen und Römer, löste der Stern Kochab aus dem Sternbild des Kleinen Wagens den Thuban ab. Und in 2000 Jahren wird auch unser Polarstern „sich rühren", und der neue „Himmelsnagel" wird ein anderer Stern sein.

Die ältesten Kalender

Doch selbst wenn wir in der Nacht und am Tag eine Uhr am Handgelenk haben, nutzt sie uns nichts, wenn es gilt, längere Zeitspannen einzuteilen. Wie sollen wir ihr ansehen, wann es Zeit ist, zu säen oder die Ernte einzubringen. Dazu nutzt sie leider nichts. Aber wenn nicht gesät wird, verhungern wir. Diese einfache Weisheit haben die Menschen verstanden, sobald sie begannen, Landwirtschaft zu betreiben. Sie mussten nun darauf achten, dass nach jedem Sommer der Herbst kommt, nach jedem Herbst der Winter, dann der Frühling und dann wieder der Sommer, zusammen mit den längsten Tagen und dem Beginn eines neuen Landwirtschaftsjahrs. Um genauer zu sehen, wann es jeweils so weit war, begannen die Menschen, die Sonne noch genauer zu beobachten, und entdeckten bald, dass die Stelle, an der sie über dem Horizont auftaucht, sich jeden Tag ein bisschen verschiebt.

Im Sommer tauchte die Sonne weiter im Norden hinter dem Horizont auf und schien länger. Und im Winter ging sie weiter südlich auf und verschwand schneller. Anhand dieser Beobachtungen konnten die Menschen schon sehr gut das Jahr einteilen. Nun mussten sie nicht mehr mühselig die Tage zählen; die Sonne erinnerte sie daran, wann es an der Zeit war, den Hafer zu säen oder Beeren sammeln zu gehen.

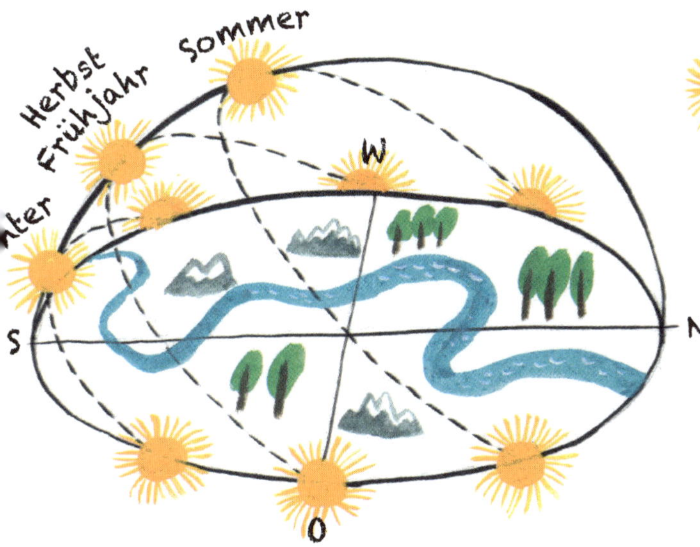

Zur Wintersonnenwende wurde das Innere von Newgrange 15 Minuten lang in blendendes Licht getaucht. In Caracol wiederum konnte man nicht nur die Sonne, sondern auch den Mond und seine Zyklen beobachten.

Die am besten erhaltenen Beobachtungsstationen für den Jahreszeitenkalender sind diejenigen, für die die Menschen der Vorgeschichte keine Mühen und keinen Aufwand scheuten: Newgrange in Irland, Caracol im Land der alten Maya und der 20 Tonnen schwere Pferdestein bei Tula in Russland – also Strukturen aus ganz unterschiedlichen Weltgegenden, die eindeutig Hochsommertage und die Wintersonnenwende bestimmten.

Eines der Observatorien für den Sonnenkalender war Stonehenge in England. Erstaunlicherweise konnten die Menschen der vorgeschichtlichen Zeit schon vor 5000 Jahren – das ist in etwa das Alter von Stonehenge – genau berechnen, wann ein Tag die meisten Tageslichtstunden hatte.

Es gibt viele Geheimnisse um Stonehenge. Wissenschaftler können immer noch nicht genau sagen, wozu die Menschen der damaligen Zeit dieses gewaltige Bauwerk benötigten. Die 50 Tonnen schweren Steine wurden über eine Strecke von 320 Kilometern dorthingebracht (den größten Teil der Strecke legten sie auf dem Wasser zurück), um Teil dieses riesigen Kalenders zu werden. Vor ein paar hundert Jahren dachten die Menschen, dass das Bauwerk von den römischen Besatzern als Heiligtum ihres Gottes Jupiter errichtet worden sei. Und noch vor nicht allzu langer Zeit dachte man, dass alle diese Steine nur eine Anlage für die Beisetzung von Toten darstellten. Heute aber sagen einige Wissenschaftler: „Stonehenge ist das erste Modell unseres Sonnensystems!“

Eines ist sicher, auch vor 5000 Jahren wussten die Menschen schon, wie man die Zeit in Jahre einteilt und wann es Zeit war, Neujahr zu feiern.

Alte Sagen erzählen, dass Stonehenge im Auftrag des Zauberers Merlin und nach seinen Wünschen von Riesen erbaut wurde.

Zu den babylonischen Astronomen s. S. 73

Am längsten Tag des Jahres fallen die Strahlen der aufgehenden Sonne auf einen heiligen Stein.

Zu den Ägyptern und ihren Seilen s. S. 29

seit ca. 10.000 v. Chr	seit 4000 v. Chr.
VORGESCHICHTE	**ÄGYPTEN**

VORGESCHICHTE

Erfindung des Zählens mit ganzen Zahlen

Erfindung von Namen für die Zahlen

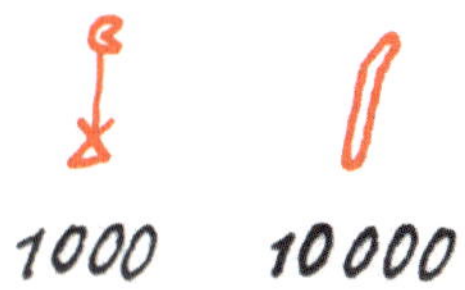

Die ersten Formen und Figuren werden benannt

Einteilung der Zeit nach dem Lauf der Sonne und der Gestirne

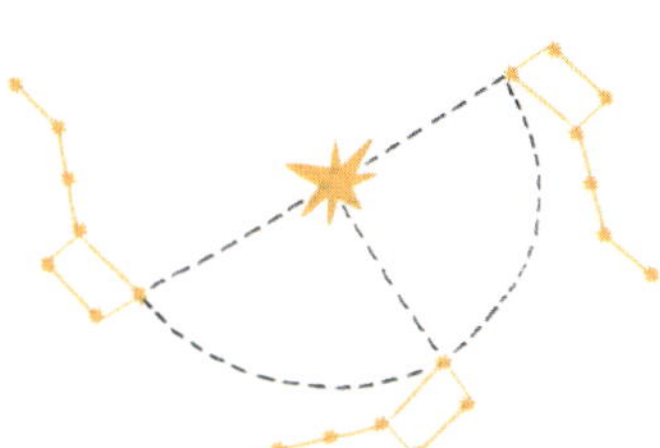

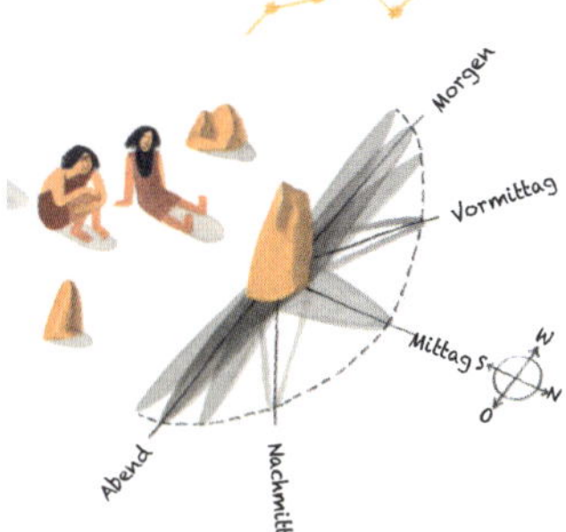

ÄGYPTEN

Entdeckung der Brüche

Der rechte Winkel wird benutzt
Rauminhalt und Fläche werden berechnet

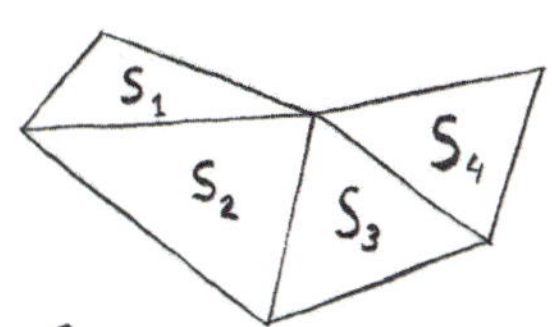

$S = S_1 + S_2 + S_3 + \dots$

Einteilung der Zeit nach Jahren, Monaten und Tagen

Die ersten Kalender

ZIFFERN UND ZAHLEN: AUF HALBEM WEG ZUR WISSENSCHAFT

Die Erfindung der Zahlen

Im Laufe der Jahrhunderte wurden die Menschen immer mehr. Sie begannen, die ersten Städte zu bauen: Ur, Jericho, Mykene. Naturvölker wurden zivilisiert: Es war ein neues Zeitalter, das neues Wissen erforderte.
Die Menschen hatten bereits die Kunst des Kopfrechnens beherrscht, aber jetzt wurde es nötig, Zahlen aufzuschreiben, die vielen Zahlen, die für den Bau, für die Landwirtschaft, für alle möglichen Dinge eine Rolle spielten und die sie nicht alle im Kopf behalten konnten.
Jetzt mussten sie erst einmal ein Heer aufstellen, einen prächtigen Königspalast verwalten, göttliche Schicksalsbotschaften entschlüsseln oder einfach nur junge Menschen unterrichten.
Natürlich konnten sie wie bisher Kerben in Stöcke schneiden oder Knoten in ein Seil machen – aber wie viele Knoten können deine Finger binden, bevor sie anfangen zu schmerzen? Auf dieses Problem sind Menschen fast gleichzeitig in verschiedenen Teilen der Welt gestoßen: in Babylon, Ägypten, China und Indien.
Und überall dort haben die Menschen herausgefunden, wie sie sogar riesige Zahlen mit einer begrenzten Anzahl von Zeichen aufzeichnen konnten: Ziffern.

Das Schreiben mit Knoten hat sich im Laufe der Zeit immer weiterentwickelt. Es ging nicht mehr nur um die Anzahl der Knoten, sondern auch um ihre Form sowie um die Farbe des Fadens. Zum Beispiel konnten die Knoten auf einem roten Faden die Zahl der im Kampf Gefallenen bezeichnen und die auf einem grünen Faden die militärischen Verluste des Gegners. So funktionierte die Knotenschrift bei den Inkas, Quechua und anderen südamerikanischen Indios.

Es ist eine uralte Methode, die wir bis heute anwenden, ohne es überhaupt zu merken. Wir haben die zehn bekannten arabischen Ziffern von null bis neun immer parat. Wenn wir dann zum Beispiel die Anzahl der Tage im Jahr aufschreiben wollen, unterteilen wir sie in Hunderter (3), Zehner (6) und Einer (5) und schreiben dann ohne Leerzeichen dazwischen: 365. Was könnte einfacher sein?

Doch das Dezimalsystem selbst zu erfinden ist etwas ganz anderes, als ein vorgefertigtes System anzuwenden. Unsere Methode, Zahlen aufzuzeichnen, wurde nicht an einem Tag erfunden, und es hat lange gedauert, bevor wir sie benutzen konnten – zum Beispiel, um Briefe an den Weihnachtsmann zu schreiben: „Bitte schick mir 365 Bonbons als Geschenk!“

Zu den Indern und ihrer Art, die Zahlen zu schreiben, s. S. 84

Aber wie hat das alles angefangen? Stell dir einen Moment lang vor, dass nicht etwa irgendeine Göre von heute dem Weihnachtsmann schreiben will, sondern ein – sagen wir einmal zehnjähriges – Süßmaul aus der Vorzeit. Der Junge hat natürlich kein Papier und verwendet stattdessen einen großen Knochen, in den er zwanzig Kerben ritzt – eine für jedes der Bonbons, um die er bittet. Die Antwort des Weihnachtsmanns kommt nicht sehr schnell, aber eines sehr schönen Tages hält das Vorzeitkind eine Tüte mit Bonbons in der Hand – genau achtzehn Stück. „Wieso denn das? Was für ein blöder Fehler!“, ärgert sich der Junge. Er stellt fest, dass der Weihnachtsmann sich beim Zählen der Kerben ein paarmal geirrt hat, und das bedeutet, dass die Art, wie er die Zahl geschrieben hat, alles andere als ideal war.

Im nächsten Jahr schreibt der kleine Naschkater wieder einen Brief, in dem er um Bonbons bittet, aber diesmal ist er erfahrener, klüger und ein ganzes Jahr älter. Als er die Kerben in den Knochen ritzt, ordnet er sie nun nicht in einer fortlaufenden Reihe an, sondern in Gruppen. Vier Gruppen von 5 Kerben – wieder genau 20. Natürlich kommt es dank dieser praktischen Aufzeichnungsmethode zu keinem Fehler mehr, und der glückliche Vorzeitjunge bekommt ohne Ausnahme alle seine Süßigkeiten. Aber er soll sich nicht zu früh freuen, denn im nächsten Jahr wartet eine neue Herausforderung auf ihn. Stellen wir uns vor, dass unser Vorzeitjunge im dritten Jahr seines Briefwechsels mit dem Weihnachtsmann keinen Knochen zur Hand hat, der groß genug ist, um 20 Kerben hineinzuritzen. Wieder einmal muss er gründlich nachdenken: „Kann ich mir diesmal nur weniger Süßigkeiten wünschen als sonst?" Doch dann kommt sein neugieriger Verstand auf die Idee, jede Gruppe von 5 Kerben durch ein Symbol zu ersetzen, ein Kreuz zum Beispiel. Jetzt besteht die ganze Botschaft aus 4 Kreuzen und ist wesentlich kürzer. Zumindest wenn man nicht berücksichtigt, dass es noch einen Zusatzbrief mit einem erklärenden Bild hätte geben müssen: Jedes Kreuz steht für 5 Bonbons.

So etwa hat sich die Methode des Zahlenschreibens entwickelt. Nur war es nicht ein einzelnes Kind in der Vorzeit, das diesen Prozess vorangebracht hat, sondern die kollektive Intelligenz vieler. Und es hat nur drei Jahre gedauert, wenn man bedenkt, dass drei „viel" bedeutete, wobei aber nicht klar war, wie viel.

Da die Menschen der Vorzeit nicht schreiben konnten, haben sie oft Bilder verwendet, um anderen die neuesten Nachrichten oder etwas anderes Wichtiges mitzuteilen.

Zählen nach Zehnerzahlen

Die alten Ägypter benutzten wie wir heute auch ein dezimales Zahlensystem, aber die Zeichen, mit denen sie es schrieben, waren andere. Wenn sie die Zahl 8 schreiben wollten, zeichneten sie acht Striche auf ihre Papyri, und wenn sie 70 schreiben wollten, mussten sie sieben Hieroglyphen zeichnen, die jeweils zehn bedeuteten.
Die alten Ägypter hatten jedoch eigene Hieroglyphen nicht nur für eins, zehn, hundert, tausend und zehntausend, sondern auch für hunderttausend und sogar eine Million.
Die Million wurde von einem kleinen Mann dargestellt, der seine Hände in die Luft hielt.
Wenn ein ägyptischer Schreiber eine große Zahl schreiben wollte, war die Reihenfolge der Zeichen für Hunderter, Tausender, Zehner und Einer beliebig. Völlige kreative Freiheit – und doch so einfach zu lesen wie zu schreiben.

Eine großartige Erfindung! Zuvor wurden die Zahlen als lauter Einsen geschrieben: jeder einzelnen Zahl entspricht eine Anzahl Kerben oder Striche. Jetzt werden die Einsen in Gruppen zusammengefasst, und jede Gruppe bekommt ein besonderes Zeichen.

Zu den Indern und ihren zehn Ziffern s. S. 84

Die Zahlen im alten Ägypten

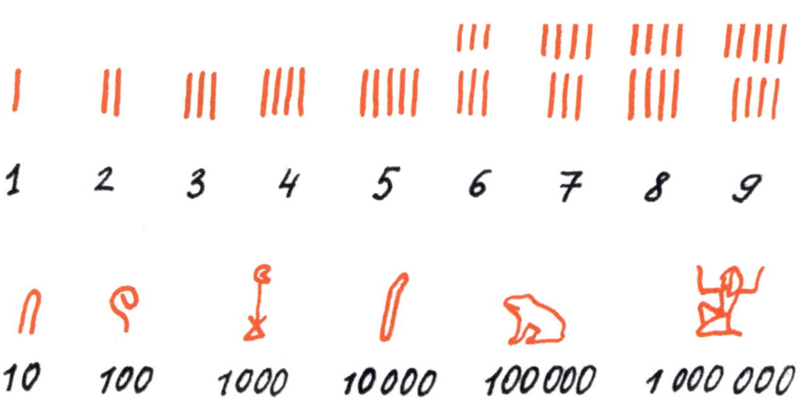

Die Zahlen im alten Babylon

Zählen im Sexagesimalsystem

Ein einzelnes Zeichen kann benutzt werden, um verschiedene Kategorien von 60ern darzustellen!

Die alten Babylonier schrieben Zahlen anders auf, denn sie hatten nur zwei Zeichen. Das eine war ein vertikaler Keil, der auf eine noch weiche Tontafel gedrückt wurde, das andere ein horizontaler Keil. Letzterer bedeutete eine Eins und diente, wenn er so oft wie nötig wiederholt wurde, auch zur Darstellung aller Zahlen unter zehn, während der erste zehn bedeutete, und nur zehn. 59 wären also etwa 5 vertikale und 9 horizontale Keile, nach dem Schema, das wir schon kennen (wie bei den Ägyptern).

Bei 60 wurde es aber interessant, denn hier beginnt eine neue Zählweise: Eine neue Gruppe von Keilen links von der ersten zeigt an, wie viele Male die 60 in der Gesamtzahl vorkommt. Und bei Zahlen über 3600 (also 60 x 60) wird noch weiter links eine weitere Gruppe hinzugefügt, die anzeigt, wie oft 3600 in der Zahl enthalten ist. Und so weiter. Auf diese Weise ist es möglich, Zahlen zu notieren, die größer sind als eine Million. Das Problem war, dass die Babylonier weder eine Null noch ein anderes Mittel hatten, einen neuen Stellenwert einer Zahl anzuzeigen. Die Zahl 61 hatte einen großen Zwillingsbruder, die 3601, und sie waren einfach nebeneinander nur zwei Keile. Aber nur wenn es etwa ein Kreuz oder einen Strich zwischen den Stäben gegeben hätte, wäre klar gewesen, dass es nicht um zwei 60er ging, sondern um 3601.

Auf den ersten Blick mag diese Art des Zählens auf jemanden, der noch nie im alten Babylon gelebt hat, ziemlich seltsam wirken. Aber auch heute noch wird sie verwendet, um die Stunden zu zählen sowie die Minuten und – schlimmer noch – die Sekunden in den Stunden zu berechnen.

Und warum haben sie in Sechzigerschritten gezählt? Eine Vermutung dazu ist die, dass es immer nur um die Finger ging. Die Zahl 60 kann man sich einfach als 5 x 12 vorstellen. 5 ist die Anzahl der Finger an der Hand, und 12 ist die Anzahl der Glieder an 4 von ihnen. An 4, nicht 5, denn der Daumen spielt eine besondere Rolle. Beim Zählen berührt er die Spitzen der anderen 4 Finger und kann so an den Fingern einer Hand bis 60 zählen: Wenn der Daumen 12 Fingerglieder gezählt hat, wird ein Finger eingebogen; dann wird noch einmal gezählt und der nächste Finger eingebogen, bis alle 5 Finger einschließlich des Daumens eingebogen sind. Jeder kann dieses Experiment zu Hause durchführen.

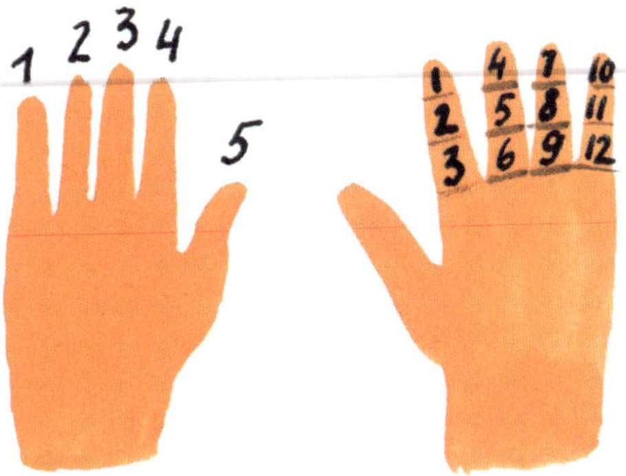

Die Zahlen bei den alten Chinesen

一	二	三	四	五	六	七	八	九
1	2	3	4	5	6	7	8	9

十五	二十	三十	九十	十	百	千	萬
15	20	30	90	10	100	1000	10000

2934

二千九百三十四

Die alten Chinesen verwendeten Bilderschriftzeichen für die Zahlen von eins bis neun und drei weitere spezielle Zeichen, die zeigen, dass eine Zahl mit 10, mit 100 oder 1000 multipliziert wird. Wenn die alten Chinesen die Anzahl der Tage in einem Jahr hätten aufzeichnen wollen, hätten sie es so gemacht: 3 Hunderter, 6 Zehner und dann 5 – in einer Reihe – ohne weitere mathematische Symbole, genau fünf Zeichen. Nachdem die Inder später das chinesische Zahlensystem übernommen hatten, fanden sie heraus, dass die drei zusätzlichen Zeichen unnötig waren. Wenn bei jeder dreistelligen Zahl regelmäßig zuerst die Hunderter, dann die Zehner und dann die Einer geschrieben werden, ist ganz einfach zu erkennen, welche Ziffer zu welcher Gruppe gehört.

Alles, was wir noch tun müssen, ist, uns ein besonderes Zeichen auszudenken, das bedeutet, dass es in keiner der Gruppen selbst enthalten ist – wie ein Loch in einem Kringel: Null.

Die erste Null

Das von den Mayas verwendete Zahlensystem ist etwas ganz Besonderes. Während die europäischen und asiatischen Kulturen voneinander lernen konnten, waren die Maya in Mittelamerika auf sich allein gestellt. Dies hinderte sie jedoch keineswegs daran, etwas Wichtiges zu erreichen: Sie schufen ein Zwanziger- oder Vigesimal-Zahlensystem. Die Maya schrieben ihre Zahlen senkrecht von oben nach unten. Wenn sie die Anzahl der Tage in einem Jahr hätten berechnen sollen, hätten sie die entsprechenden Zahlen auf zwei Ebenen angeordnet: oben 18 x 20, und unten 5. In der Tat hatte diese alte Zivilisation ein 18-monatiges Kalenderjahr mit jeweils 20 Tagen. Dazu kamen fünf weitere Tage, die leider nicht in das Monatsschema passten.
Die Maya hatten nur drei Symbole zum Schreiben von Zahlen: einen Punkt für 1, 20, 400 und andere Vielfache von 20, einen horizontalen Stab für 5 und eine leere Schale für 0.
Ja, ja, die Maya waren die ersten Menschen auf unserem Planeten, die die Null verwendeten, etwa sieben Jahrhunderte vor den Indern.

Das zwanzigstellige Zahlensystem ist genauso gut wie unser Dezimalsystem oder das sexagesimale der Babylonier. Frag zum Beispiel die Franzosen. In ihrer Sprache haben sich Spuren des Zwanziger-Zahlensystems bis heute erhalten: Statt „achtzig" sagen sie „viermal zwanzig". Allerdings haben sie das nicht von den Maya übernommen, sondern eher von den alten Galliern, von denen ihr Zahlendenken teilweise stammt.

Das Zahlensystem der Maya

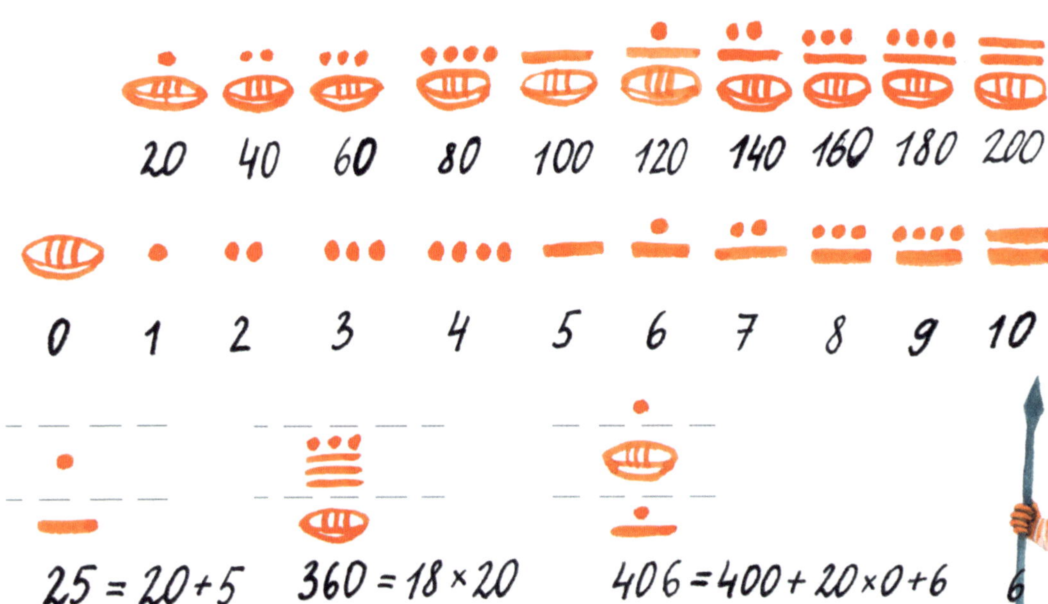

Buchstaben oder Zahlen?

Im Gegensatz zu vielen anderen Völkern haben die alten Römer nicht nur die Addition verwendet, um Zahlen zu schreiben, sondern auch die Subtraktion. Um zum Beispiel die Zahl 9 zu schreiben haben sie eine 1 links neben die 10 gesetzt: 10 – 1. Ziehen wir dagegen die 1 auf die rechte Seite der 10, erhalten wir 11. Es lassen sich aber nur Einer, Zehner oder Hunderter subtrahieren, und jede Ziffer einzeln. Wenn wir also die Zahl 89 schreiben wollen, ziehen wir zuerst eine 1 von einer 10 ab und dann die 10 von einer 100. Dieses Zahlensystem zu verstehen ist so einfach wie das Überqueren einer Straße: Man muss nur abwechselnd nach links und rechts gucken.

Römische Zahlen sind wie folgt zu lesen: Zuerst suchen wir nach dem Bestandteil einer Zahl, der dem Wert des höchsten Zahlenzeichens am nächsten kommt. Wenn die Zahl kleiner ist, gucken wir nach links und ziehen die nächste Zahl ab; wenn die Zahl größer ist, gucken wir nach rechts und zählen sie hinzu. Und so verfahren wir dann auch mit dem nächstniedrigen Zahlenzeichen, bis zu den Einern. Am Ende haben wir eine genaue Zahl.

M 1000
CM 1000-100
LXXX 50+30
IV 5-1

MCMLXXXIV
1984

Die Zahlen bei den alten Römern

I	II	III	IV	V	VI	VII	VIII	IX	X
1	2	3	4	5	6	7	8	9	10

XX	XXX	XL	L	LX	XC	C	D	M
20	30	40	50	60	90	100	500	1000

Viele Kulturen haben die Buchstaben des Alphabets zur Aufzeichnung von Zahlen verwendet – genauso wie für die Aufzeichnung von Wörtern. Im alten Russland, das die Buchstaben-Zahlen von den Griechen übernommen hatte, wurde ein gewellter Stab über die Buchstaben gelegt, wenn sie Zahlen bedeuteten.

Altrussische Zahlen

Altenglische Ziffern

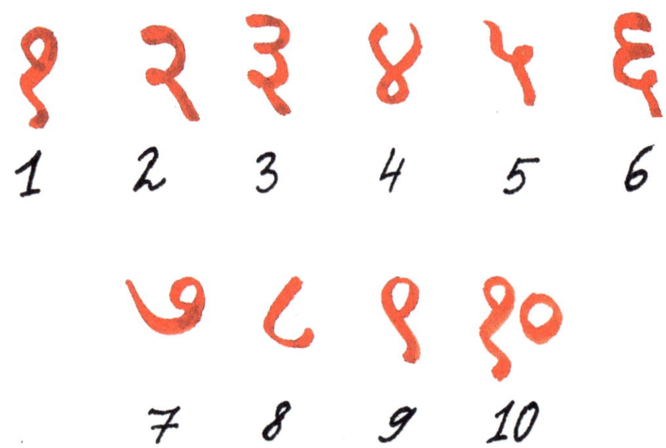

DAS ALTE ÄGYPTEN: PRAKTISCHE MATHEMATIK

Arithmetik im alten Ägypten

Als die Menschen lernten, Zahlen zu schreiben, blieb ihnen nichts anderes übrig, als ernsthaft Mathematik zu üben. Und dafür gab es keinen geeigneteren Ort als das alte Ägypten.

Erstens war dieses Land von Wüsten umgeben, und die Fruchtbarkeit der Felder hing vollständig von den Hochwassern des Nils ab, die jedes Mal eine Schicht fruchtbaren Schlamms hinterließen. Und nach jedem Hochwasser mussten die Felder neu aufgeteilt werden, damit niemand Hunger leiden musste und jeder seine Steuern zahlen konnte.

Zweitens war die Mathematik für die alten Ägypter unerlässlich beim Bau der Pyramiden. Denn sie konnten ihre Pharaonen nicht begraben, wie sie wollten. Ohne Mathematik also hätten die alten Ägypter weder richtig leben noch sterben können. Deshalb gab es bei ihnen bereits 2000 Jahre v. Chr. eine besondere Klasse, die Schreiber. Diese Menschen mussten keine körperliche Arbeit erledigen und keine Steuern zahlen. Und sie waren die Einzigen, die berechnen konnten, mit wie viel Proviant eine Armee ausgestattet werden musste oder wie viele Steine für den Bau einer Mauer erforderlich waren.

Das Amt des Schreibers war eine ehrenvolle Position. Es hieß, der Gott Thot selbst habe diesen Priestern des Wissens die Mathematik offenbart. Und der war ein Wesen mit dem Körper eines Mannes und dem Kopf eines Ibis!

Die Schreiber im Alten Ägypten schrieben ihr Wissen auf Papyrus auf, das aus einer Art Schilfrohr gemacht wurde. Leider ist dieses Material nicht sehr haltbar, und so sind nur sehr wenige Texte bis heute erhalten geblieben. Aber auch diese vermitteln eine Vorstellung vom Umfang des mathematischen Wissens der alten Ägypter.

Eines der ältesten mathematischen Manuskripte Ägyptens wird im Puschkin-Museum in Moskau aufbewahrt. Es ist etwa 4000 Jahre alt und wird „Papyrus Moskau“ genannt. Wer nach London und New York reist, kann dort den Papyrus Rhind sehen. Er ist ein wenig jünger als der Moskauer Papyrus, etwa 3600 Jahre alt, aber er enthält noch mehr Aufgaben und ihre Lösungen, insgesamt 84, genug für zwei ganze Museen. Und er ist nach einem Schreiber benannt.

Das Wort „Hieroglyphe“ kommt aus dem Altgriechischen, und es bedeutet so viel wie „heilige Ritzung“. Die Griechen hatten bemerkt, dass die schönen Zeichen jeweils ein ganzes Wort oder eine Silbe bezeichneten und für sakrale Zwecke benutzt wurden, in Tempeln und Gräbern. Wenn es aber darum ging, einfach nur etwas aufzuschreiben, benutzten die Ägypter schon früh eine einfache Handschrift, in der von der Hieroglyphe nur die charakteristischen Striche übriggeblieben waren.

Zu den üblichen ganzen Zahlen, wie eins, zwei, drei oder vier, fügten die Ägypter die Brüche hinzu: Halbe, Drittel, Viertel und andere. Genaugenommen benutzten sie aber nur die Brüche mit einer Eins im Zähler.

Im Papyrus Rhind, der Hauptquelle unseres Wissens über die altägyptische Mathematik, wird folgende Aufgabe gestellt: „Wie teilt man sieben Fladenbrote gleichmäßig unter acht Personen auf?“ Natürlich werdet ihr gleich rufen: „Jeder bekommt sieben Achtel!“ – Stopp: die alten Ägypter kannten doch nur Brüche, die eine Eins im Zähler hatten! Ihre Antwort war also anders: „Jeder bekommt $1/2 + 1/4 + 1/8$“!

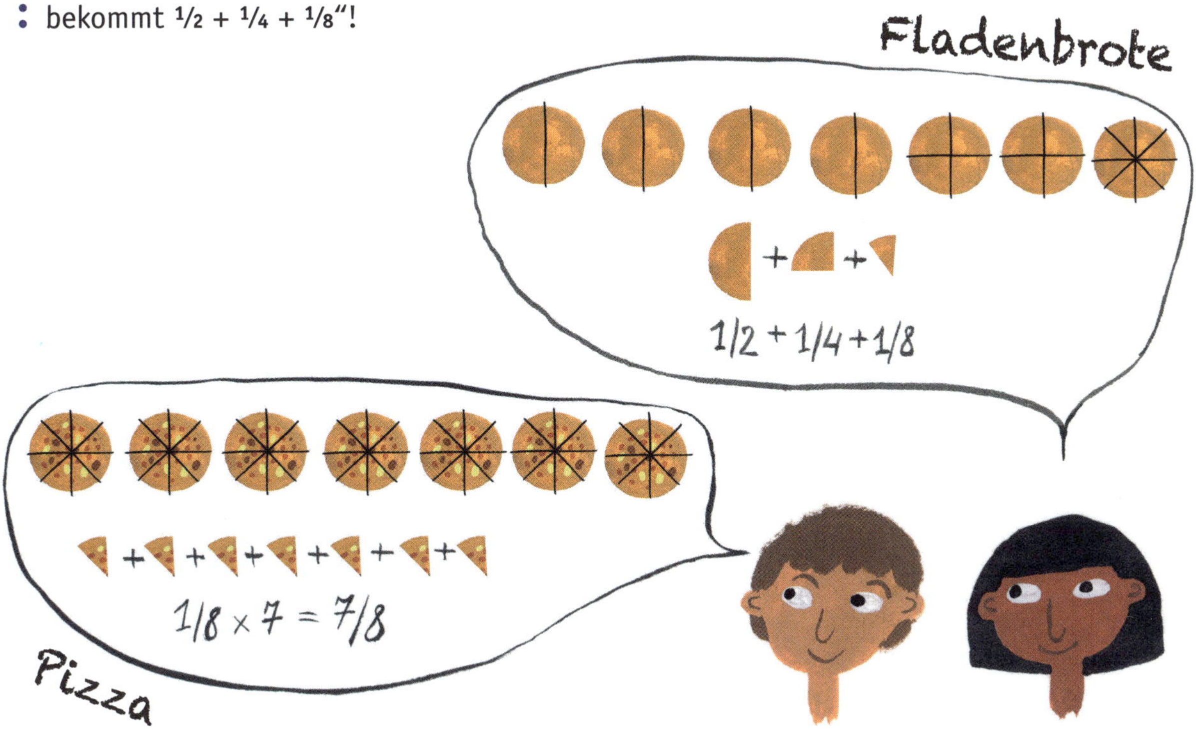

Auf den ersten Blick scheint es dabei keinen Unterschied zu geben, aber das ist nicht ganz richtig. Die Logik des modernen Menschen ist, dass von sieben Fladenbroten oder Pizzen jeweils ein Stück, ein Achtel, abgeschnitten wird, sodass sieben unvollständige Brote an sieben Personen verteilt werden können, und ein weiterer Esser ein achtes Brot aus den Achteln bekommen kann.

Die Aufteilung nach der ägyptischen Formel würde ganz anders aussehen: Vier Fladenbrote würden halbiert, zwei geviertelt und eine in Achtel geteilt werden. Jeder der acht hungernden Ägypter erhält nun denselben Anteil, nämlich eine Hälfte, ein Viertel und ein Achtel. Wenn wir darüber nachdenken, ist das viel einfacher, und es gibt weniger Krümel.

Zur Bruchrechnung bei den Babyloniern s. S. 39

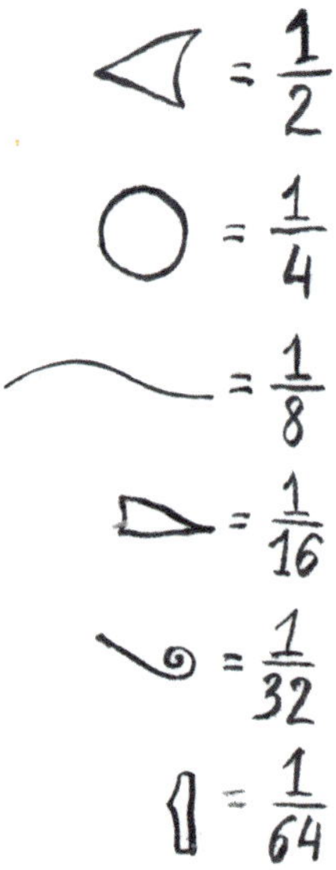

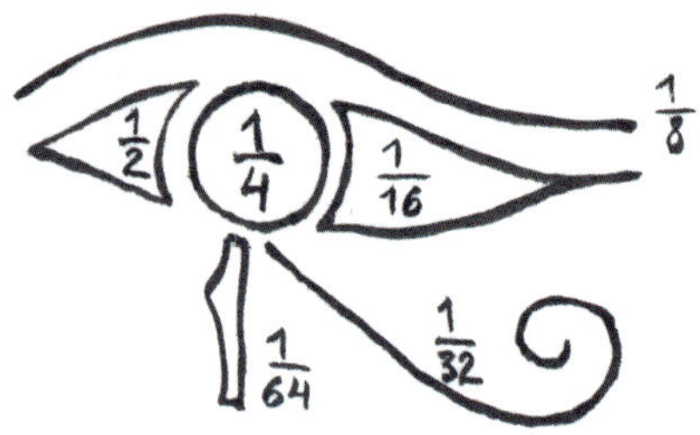

Mit der ägyptischen Gleichung beginnt die Algebra!

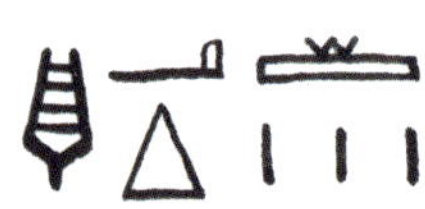

Die „Aha"-Hieroglyphe

Schon die alten Ägypter kannten „Aha"-Aufgaben. „Aha" war eine Zahl: keine gegebene Zahl, sondern eine unbekannte Zahl. Sie galt es zu finden, um eine Aufgabe zu lösen. Die Aufgabe konnte zum Beispiel so lauten: „Aha" und ¼ davon ergeben zusammen 25. In diesem Fall kann jeder „Aha" herausfinden, so wie es die alten Ägypter getan haben. Es ist nicht schwierig, probiert es mal aus!

Eine weitere Erfindung der alten Ägypter war eine vereinfachte Art, zweistellige Zahlen miteinander zu multiplizieren. Während wir dies heutzutage meist in versetzten Spalten machen, haben die Ägypter es in zwei Spalten gemacht.

Um zum Beispiel 15 mit 24 zu multiplizieren, haben sie in die erste Spalte immer die Zweierpotenzen (1, 2, 4, 8, 16 und so weiter) geschrieben. In die zweite schrieben sie oben die 24. Dann wählten sie aus der ersten Spalte die Zahlen aus, die zusammen 15 ergeben (15 = 1 + 2 + 4 + 8), und multiplizierten diese in der zweiten Spalte jeweils mit 24 (24 + 48 + 96 + 192). Die Summe der Zahlen der rechten Spalte ergab genau 360.

Um Brüche zu schreiben, verwendeten die Ägypter eine Hieroglyphe in der Form eines Auges des Gottes Horus. Er hatte einen menschlichem Körper und den Kopf eines Falken. Im Mythos heißt es, Horus kämpfte mit Seth, dem Bruder seines Vaters Osiris, um dessen Ermordung zu rächen. Während des grausamen Kampfs riss der schlaue Seth dem Horus dessen scharfes Auge heraus, riss es weiter in Stücke und verstreute diese in ganz Ägypten. Da beschlossen die anderen Götter, Horus zu helfen, und setzten das Auge wieder zusammen. Seitdem stehen die verschiedenen Teile des zerrissenen Auges für Bruchteile: von 1 zu 2 bis zu 1/64. Doch das Bild des Auges stelle, so hieß es, nur 63/64 dar, weil es den Göttern nie gelang, das letzte kleine Teil zu finden.

Zu quadratischen Gleichungen s. S. 43

1	24
2 (1·2)	48
4 (2·2)	96
8 (4·2)	192
15 (1+2+4+8)	
360 (24+48+96+192)	

Geometrie im Alten Ägypten

Wenn vom alten Ägypten die Rede ist, denkt man zuerst an die Pyramiden: Wie haben die Menschen des Altertums es geschafft, diese außergewöhnlichen Bauwerke zu errichten, die so hoch sind wie ein vierzigstöckiges Gebäude, und zwar so, dass sie mehr als 4500 Jahre überdauert haben? Eine der wichtigsten Entdeckungen der Ägypter war der rechte Winkel, und durch sie wurde der Bau der Pyramiden erst möglich.
Diese Entdeckung ermöglichte ihnen nicht nur, Steinblöcke gerade aufeinanderzusetzen, sondern auch, die Pyramide so auszurichten, dass ihre Seiten in alle vier Himmelsrichtungen zeigten, nach Norden, Süden, Westen und Osten.

Zu Thales und seinen Sätzen s. S. 45

Um einen rechten Winkel zu konstruieren, zeichnete der Pharao selbst in feierlichem Rahmen mithilfe von Pflöcken und Seilen zwei sich schneidende Kreise. Er steckte einen Pflock in die Erde, verband ihn durch ein Seil mit einem weiteren Pflock und machte dann mithilfe eines Seils jeweils einen Kreis um beide Pflöcke. Dann zog er eine Linie durch die Schnittpunkte der beiden Kreise. Diese Linie befand sich nun genau im rechten Winkel zu dem Seil zwischen den beiden Pflöcken.

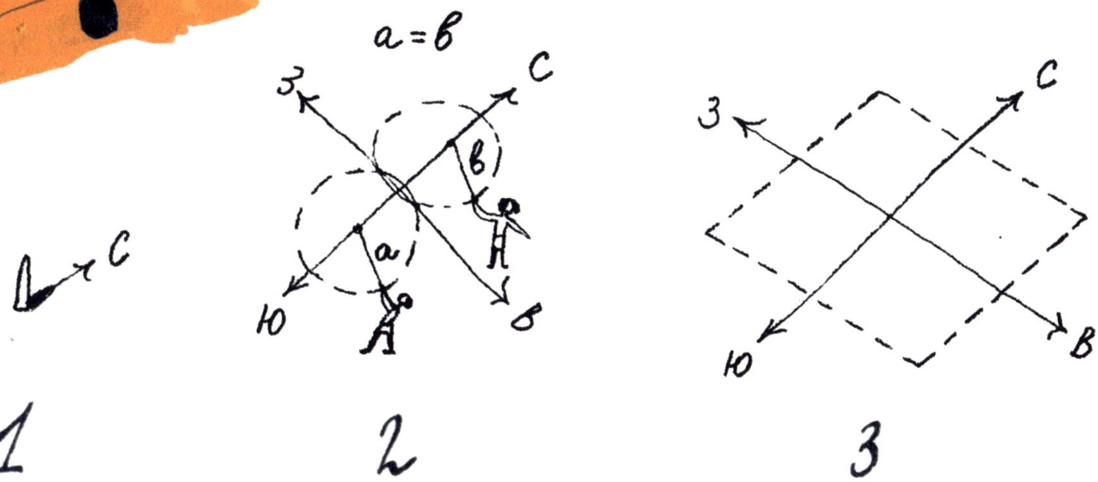

Mit dem ägyptischen rechten Winkel beginnt die Geometrie!

Die alten Ägypter entwickelten auch eine Formel zur Berechnung des Volumens einer Pyramide. So wussten sie im Voraus, wie viele Steinblöcke sie in etwa für die Errichtung des Weltwunders brauchen würden.

Wie viele Steine müssen herangeschleppt werden? Zunächst müssen wir das Volumen der Pyramide berechnen, und dann davon das Volumen des Pharao in seinem Sarg abziehen.

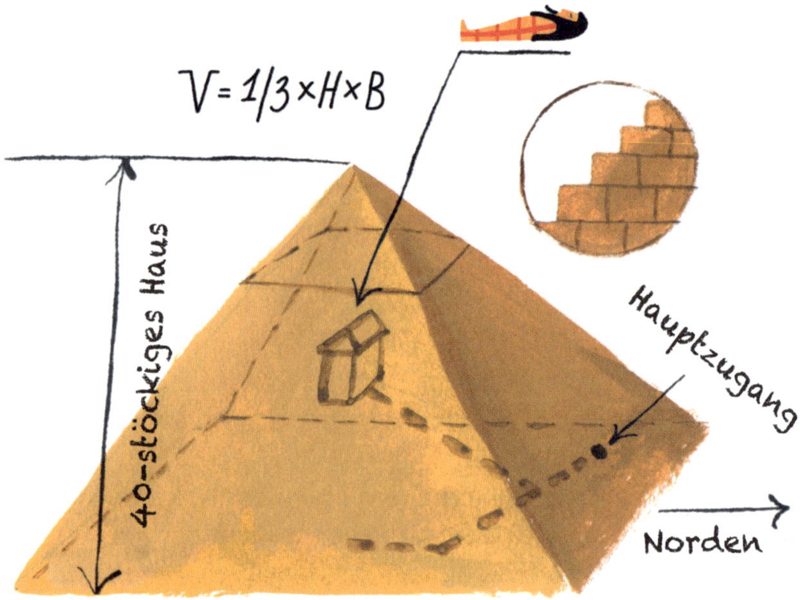

Es gab noch eine andere Methode, einen rechten Winkel zu konstruieren. Dazu musste man ein Seil nehmen und es mit Knoten in zwölf gleiche Abschnitte teilen. Dann wurde das Seil zwischen drei Pflöcke gespannt, sodass es ein Dreieck bildete. Zwischen dem Abschnitt mit drei Knoten und dem mit vier ergab sich ein idealer rechter Winkel von genau 90°. Das entsprechende Dreieck wird auch „ägyptisches Dreieck" genannt.

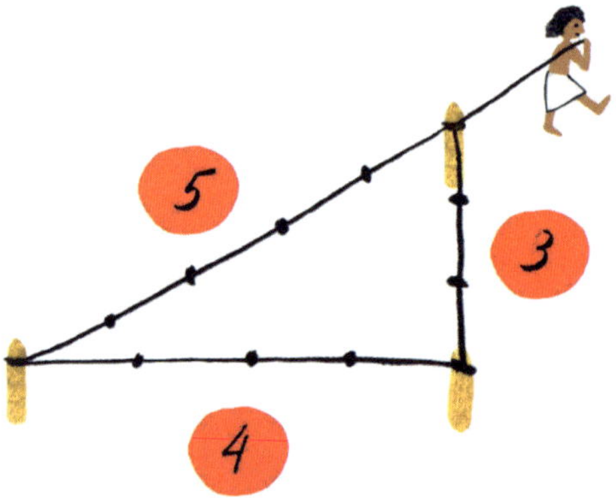

Pyramiden sind ja großartig, aber nicht weniger wichtig waren die ägyptischen Ideen für die Vermessung der Erde oder „Geometrie", wie das die alten Griechen nannten. Die Menschen der Vorzeit waren nur in der Lage, die einfachsten Formen zu beobachten: ein Dreieck am Ende eines Speers, ein Kreis am Himmel, wenn er wolkenlos war. Die Ägypter aber gingen von der bloßen Beobachtung zur systematischen Untersuchung über.
Die Schreiber legten gemeinsame Längenmaße für das gesamte Reich fest. Von nun an wurden Abstände in Ellen, Handbreiten und Fingern gemessen, und zwar nicht in konkreten einzelnen, sondern verallgemeinerten. Auch wenn ein Bauer die größten Hände hatte, stand ihm deshalb kein größeres Stück Land zu. Der arme Kerl mit den großen Händen konnte auch nicht damit rechnen, dass der Schreiber einen Fehler machte.

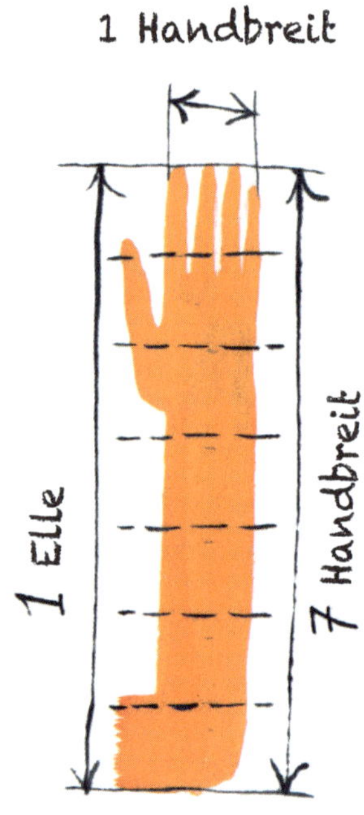

Versetzen wir uns noch einmal zum Neujahrstag, diesmal aber nicht bei einem Volksstamm in der Vorzeit, sondern im alten Ägypten. Das neue Jahr begann hier nicht am Tag der Sommersonnenwende, sondern am ersten Tag der Nilüberschwemmung, Mitte Juli. Statt vom Weihnachtsmann wurde der ägyptische Bauer von einem Staatsschreiber besucht. Der vermaß das Land des Bauern, das der große Fluss bald mit einer Schlammschicht düngen würde. Es war das beste aller Geschenke für den Bauern. Die Sache hatte aber einen Haken: Er musste eine Grundsteuer in Form eines Anteils an der Ernte zahlen, und umso mehr, je größer sein Land war.

Im ersten Jahr wird dem Bauern eine kleine rechteckige Parzelle zugeteilt. Deren Fläche ist nicht schwer zu berechnen. Dafür muss einfach die Länge einer Seite mit der der anderen multipliziert werden. Einfach und bequem.
Ganz anders sieht es aus, als im nächsten Jahr der Nil so viel breiter geworden ist, dass für unseren Bauern mit den großen Händen nur eine dreieckige Grundfläche bleibt. Nun muss der Schreiber lange nachdenken – bis er eine Idee hat.

Wenn ein Dreieck rechtwinklig ist, können wir die Längen der beiden Seiten an dem rechten Winkel miteinander multiplizieren und erhalten so die Fläche eines Rechtecks. Dieses lässt sich leicht in zwei gleich große Dreiecke teilen, und so erhalten wir die Fläche unseres Dreiecks. Und wenn das Dreieck nicht rechtwinklig ist, können wir eine rechtwinklige Linie von der längsten Seite zur gegenüberliegenden Ecke ziehen. So erhalten wir zwei rechtwinklige Dreiecke, und der Schreiber kann wieder berechnen, wie groß ihre Fläche ist.

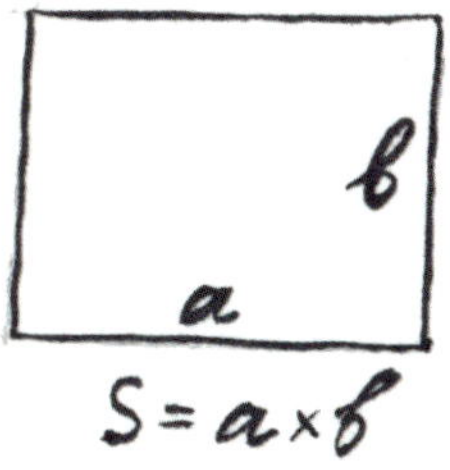

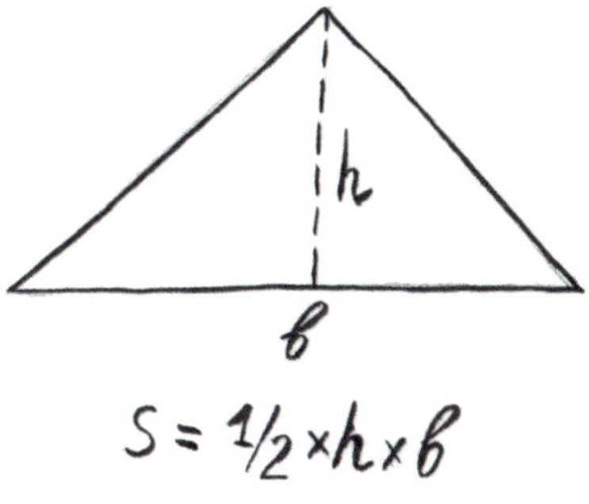

Am dritten Neujahrstag steht der Schreiber, wie das immer so ist, vor einer noch schwierigeren Aufgabe. Diesmal bearbeitet der Bauer mit den großen Händen ein Stück Land von einer ganz unverständlichen Form. Es gibt nicht einmal einen Namen für eine solche Figur. Aber auch hier findet der Schreiber eine Lösung. Er sieht, dass jede Figur, die durch gerade Linien abgegrenzt ist, in Dreiecke unterteilt werden kann – und damit kann er ja schon umgehen.

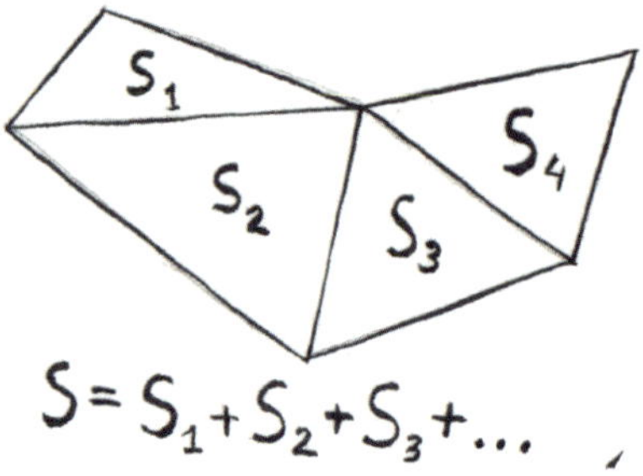

Im vierten Jahr schließlich steht der Schreiber vor einer Aufgabe von noch nie dagewesener Schwierigkeit. Um herauszufinden, wie viel Steuern der Bauer mit den großen Händen zu zahlen hat, muss er die Fläche eines kreisförmigen Grundstücks ermitteln. Leider wissen wir nicht, wie der Schreiber auf seine Idee kam; wir wissen aber, wie er seine Aufgabe löste: Die Fläche eines Kreises ist ziemlich genau so groß wie die des um 1/9 verkleinerten Quadrats, in das er eingeschrieben ist.

Natürlich ist die ägyptische Mathematik nicht in ein paar Jahren entstanden, und es hat sie gewiss kein einzelner Schreiber entwickeln können – es sei denn, dieser Schreiber war der Gott Thot selbst gewesen.

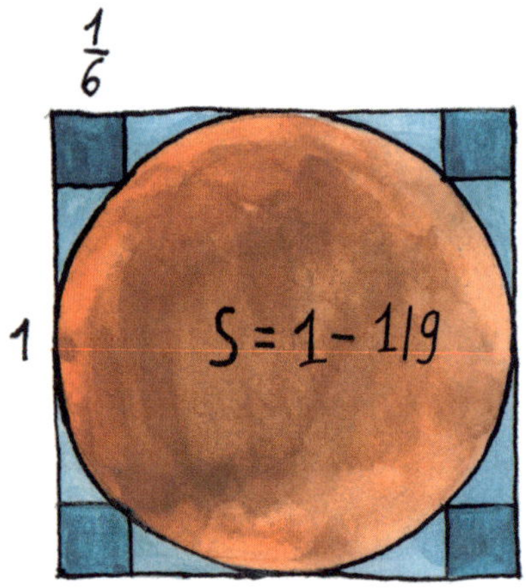

$$4 \cdot \frac{1}{6} \cdot \frac{1}{6} = \frac{4}{36} = \frac{1}{9}$$

Die Fläche eines 8x8-Quadrats entspricht ungefähr der Fläche eines Kreises mit dem Durchmesser von 9.

Zu den babylonischen Berechnungen der Kreisfläche s. S. 40

Erkenntnis!

Die alten Ägypter haben zum ersten Mal in der Geschichte der Menschheit gezeigt, dass es nicht immer darauf ankommt, was jeweils berechnet wird, sondern dass es auf die Funktionsweise der Mathematik selbst ankommt. Und damit beginnt die Mathematik als Wissenschaft.

Die alten Ägypter waren in erster Linie an einer Mathematik interessiert, für die es in ihrem Alltagsleben Anwendungen gab. Wenn ein Schreiber Berechnungen anstellte, bedeutete dies, dass es um die Errichtung von Gebäuden ging oder darum, Brote gerecht zu teilen. Ohne eine konkrete Aufgabe hätte er sich nicht die Mühe gemacht zu rechnen. Doch bereits im alten Ägypten gab es die Grundzüge einer Mathematik als abstrakter Wissenschaft, sozusagen Mathematik großgeschrieben. Dies wird durch ein humoristisches Problem aus dem erwähnten Papyrus Rhind verdeutlicht: „In jedem von sieben Häusern lebten sieben Katzen. Jede Katze fraß sieben Mäuse und jede Maus fraß sieben Korngarben. Und aus einer Korngarbe konnte man sieben Brote machen. Sagt mir, wie viele Häuser, Katzen, Mäuse, Ohren und Brote das zusammen waren!" Eine solche Aufgabe ergibt keinerlei praktischen Sinn: Warum sollte man Katzen und Mäuse zusammenzählen?
Tatsache ist, dass der Mensch der Vorzeit nicht einmal eins und eins zusammenzählen konnte, wenn er nicht wusste, was es jeweils war und was sie miteinander zu tun hatten.

Ab 4000 v. Chr. **ALTES ÄGYPTEN**	Ab 3000 v. Chr. **BABYLON**	7. Jh. v. Chr. – 4. Jh. n. Chr. **GRIECHENLAND**
Erfindung der Brüche 	Beliebige Brüche können geschrieben werden Entdeckung von √2 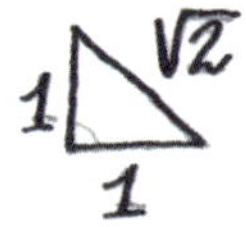	Beweis, dass √2 nicht als Bruch ausgedrückt werden kann 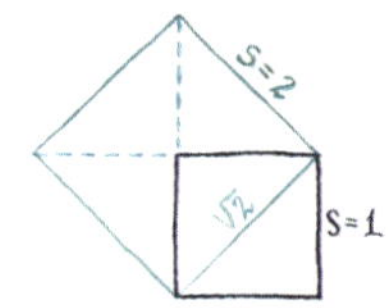
Die erste Gleichung 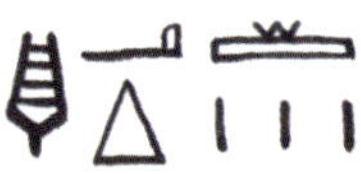	Quadratische Gleichungen können gelöst werden	Satz des Pythagoras 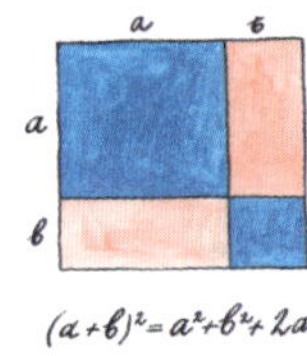
Konstruktion des rechten Winkels Berechnung von Volumen und Fläche 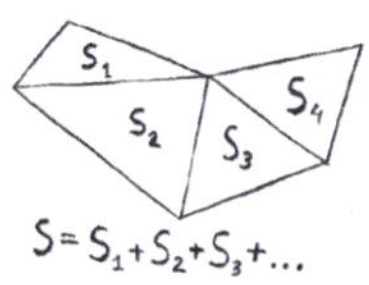		Diophantos und seine Regeln zum Lösen von Gleichungen 
Erstes abstraktes Rechnen 		Diophantos löst Gleichungen mit mehreren Unbekannten $a^n + b^n = c^n$
Ägyptische Trigonometrie 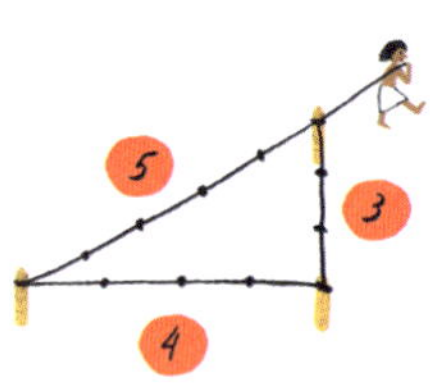	Pythagoreische Tripel 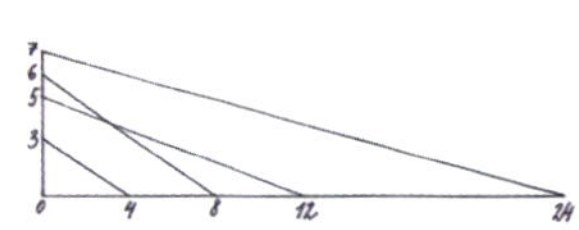	Erster Satz des Thales 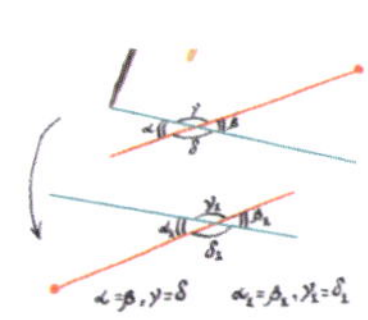
Annähernde Berechnung der Kreisfläche 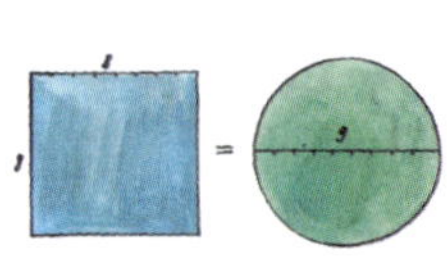	Verknüpfung von Kreisfläche und Kreisumfang 	Archimedes: Der Umfang eines Kreises steht in einem festen Verhältnis zu seinem Durchmesser. 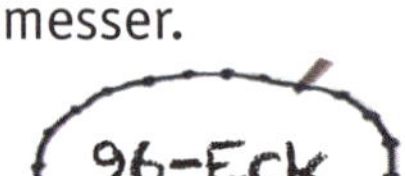

BABYLON : BERECHNUNGEN UND TAFELN

Die ersten Kaufleute

Die alten Ägypter hatten die Menschheit bei der schwierigen Aufgabe, Mathematik zu lernen, schon weit vorangebracht, aber die Menschen in Babylon gingen noch einen großen Schritt weiter. Und sie hatten dazu gute Gründe.

Diese antike Kultur blühte im sogenannten Zweistromland von Euphrat und Tigris. Das Land dort war zwar fruchtbar, aber es war schwieriger, Pflanzen anzubauen als im Tal des Nils. In der Trockenzeit mussten die Felder bewässert werden, und in der Hochwasserzeit mussten die Ernten vor Überflutung geschützt werden.

Ohne ausgeklügelte Technik und eine Menge mathematischer Berechnungen war dies nicht möglich. Das Leben selbst machte es nötig, Mathematik anzuwenden und weiterzuentwickeln.

Neben der Landwirtschaft blühte in Babylon auch der Handel. Im Zweistromland lebten schon seit der Geburt der Zivilisation in der Mitte des 4. Jahrtausends v. Chr. ganz verschiedene Völker nahe beieinander: Sumerer, Semiten, Hurriter, Akkadier, Amoriter und schließlich Assyrer.

Und jedes Volk hatte seine eigenen Maße und Gewichte und seine eigene Art zu zählen. Wer in dieser Gesellschaft nicht übers Ohr gehauen werden wollte, musste einfach etwas von Mathematik verstehen.

Im babylonischen Reich gab es wie in Ägypten eine Klasse von Schreibern. Dazuzugehören war hier nicht weniger ehrenhaft als dort, aber es gab einen Unterschied. Die babylonischen Schreiber schrieben ihre mathematischen Berechnungen nicht auf Papyrus, sondern mit kleinen Holzkeilen auf Täfelchen aus ungebranntem Ton. Anschließend wurden die Täfelchen gebrannt und konnten nun Tausende von Jahren erhalten bleiben.

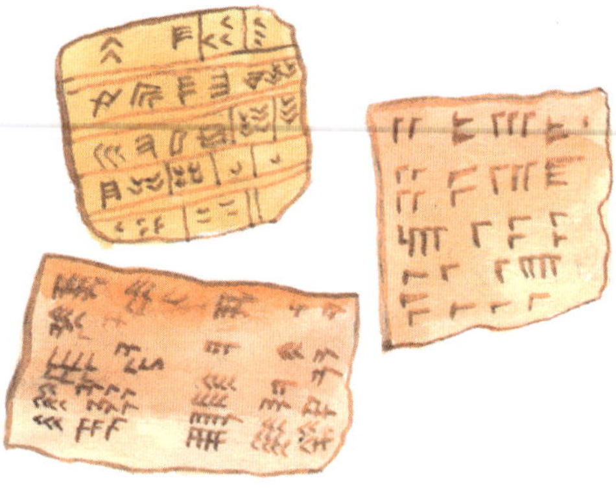

Auf einer dieser Tafeln heißt es: „Derjenige, der die Kunst des Schreibens auf diese Täfelchen beherrscht, wird glänzen wie die Sonne!"

Da also die babylonischen Tontäfelchen Jahrtausende überdauern konnten, haben mehr als 500.000 davon tatsächlich bis in unsere Zeit überlebt, obwohl die meisten von ihnen erst mühsam wieder zusammengesetzt werden mussten. Natürlich haben die Babylonier auf den meisten davon keine Lösungen mathematischer Aufgaben notiert. Manche waren Briefe, auf anderen stehen Kochrezepte und manchmal stoßen wir auf Werke der Dichtung.

Ein wahrer Schriftgelehrter musste das gesamte Wissen beherrschen, das die Zivilisation angesammelt hatte. Er musste in der Lage sein, das Land zu vermessen, das Volumen von Gräben oder Gefäßen und sogar Prozentsätze zu berechnen. Denn immerhin war das alte Babylon der erste Ort, an dem es ein Bankenwesen gab: Anleihen, Darlehen, Kredite – alles Dinge, die bei den Menschen, die sich sehr für Geld interessieren, noch immer für ein Leuchten in den Augen sorgen.

Wenn ein Babylonier einem anderen 1 Beutel Silber gab und der dafür versprach, nach einem Jahr $1/5$ mehr zurückzuzahlen, wie viel sollte der Schuldner zahlen müssen, wenn er das Silber erst nach 5 Jahren zurückzahlte? Für die einfacher gestrickten Babylonier gab es einfach 2 Beutel – den mit der verliehenen Summe und 1 für jeweils $1/5$ davon in jedem Jahr. So erhielten sie $1 + 1/5$ nach dem ersten Jahr für das zweite Jahr ein weiteres $1/5$ und so weiter. Aber die babylonischen Kaufleute wandten eine andere Methode an, um das meiste aus ihren Schuldnern herauszuholen. Ab dem zweiten Jahr sicherten sie sich nicht nur die Zinsen für den ersten Beutel, sondern auch die auf jedes weitere $1/5$ von dessen Inhalt.

Zu Euler und seiner Zahl e s. S. 126

Spickzettel für Schreiber

Ein Schreiber im alten Babylon musste vieles wissen und können, aber einige Hilfsmittel waren erlaubt. Er konnte zum Beispiel Spickzettel beziehungsweise -täfelchen verwenden. Diejenigen unter euch, die die vorherigen Kapitel gelesen haben, werden sich erinnern, dass die Babylonier nicht das dezimale Notationssystem benutzten, wie wir es kennen, sondern das kompliziertere Sexagesimalsystem. Unter solchen Bedingungen eine Multiplikationstabelle wie das Einmaleins auswendig zu lernen, war 36 mal schwerer als für uns, weil sie 36 mal umfangreicher war. Das galt erst recht für das Rechnen mit Quadrat- und Kubikzahlen.

Deshalb hatten die babylonischen Schriftgelehrten immer eine Vielzahl von Tabellen zur Hand und sahen bei Bedarf hinein, damit sie nicht jedes Mal von vorn rechnen mussten.

Zu Babbage und den Computern s. S. 153

7×1=7	7×11=77	7×25=175
7×2=14	7×12=84	....
7×3=21	7×13=91	7×30=210
7×4=28	7×14=98	....
7×5=35	7×15=105	7×35=245
7×6=42	7×16=112	....
7×7=49	7×17=119	7×40=280
7×8=56	7×18=126	....
7×9=63	7×19=133	7×45=315
7×10=70	7×20=140	....
		7×50=350
		....
		7×55=385
		....
		7×60=420

Babylonische Multiplikationstabelle

Die alten Babylonier waren stets bemüht, monotone Berechnungen zu vereinfachen und zu beschleunigen. Tabellen mit vorgefertigten Berechnungen waren nur eine von vielen Erfindungen der Schreiber.

Anders als die Ägypter kannten sie nicht nur Brüche mit einer Eins im Zähler, sondern auch beliebige andere. Darüber hinaus erfanden sie eine ähnliche Methode, wie wir sie heute anwenden, um Zehntel zu notieren. Nur waren das bei den Babyloniern keine Zehntel, sondern Sechzigstel, und es war kein Komma, das die ganze Zahl von der Bruchzahl trennte. Vielmehr schrieben sie zum Beispiel zwei vertikale Keile, und nun musst du herausfinden, ob diese Keile 2 bedeuten, 61 oder eher 2/60.

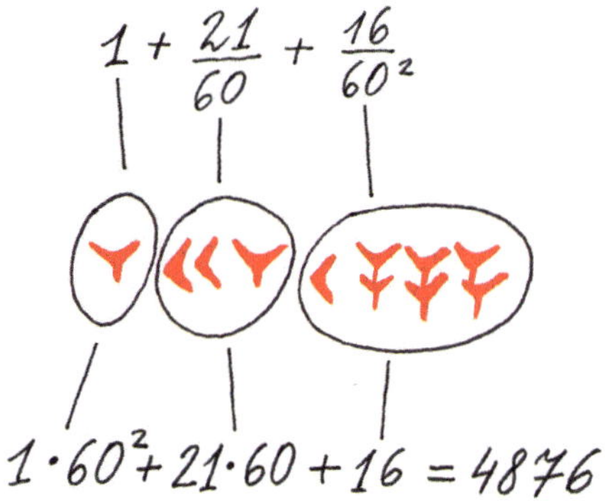

Eine weitere Erfindung der Schreiber waren Kehrwerte. Und die verwendeten die Babylonier besonders gerne. Man nimmt eine beliebige Zahl, multipliziert sie mit ihrem Kehrwert, und das Resultat ist 1. Wenn du $1/3$ nimmst, ist das der Kehrwert von 3 oder $3/1$, und wenn du $3/1$ nimmst, ist das der Kehrwert von $1/3$. Kehrwerte waren vor allem bei Divisionen nützlich. Teilen ist schließlich dasselbe wie die Multiplikation mit dem Kehrwert, und Multiplikationen ließen sich einfach in einer Tabelle nachschlagen.

Wenn eine Zahl nicht durch eine andere teilbar war und sich auch nicht als Bruch darstellen ließ, verzweifelten die Babylonier nicht, sondern benutzten „Näherungswerte". Sie wussten, dass $1/7$ etwas mehr ist als $8/60$ und etwas weniger als $9/60$. So hielten sie es in ihren Tabellen fest.

Mesopotamien gehört auch zu den Gegenden in der Welt, wo das Rad erfunden wurde. Doch diese große Entdeckung wurde nicht nur für friedliche Zwecke genutzt. Die babylonischen Streitwagen versetzten Fußsoldaten in Angst und Schrecken, sodass sie davonliefen.
Wie die Ägypter konnten auch die Babylonier die Fläche eines Kreises berechnen, aber sie machten es anders. Mit einem Seil maßen sie den Umfang eines Kreises und seinen Durchmesser (die Entfernung von Außenrand zu Außenrand durch die Mitte), multiplizierten beide und teilten das Ergebnis dann durch vier. Das Ergebnis ist ziemlich genau. Und wenn sie den Umfang eines Kreises mit einem bestimmten Durchmesser wissen wollten, multiplizierten sie den Durchmesser mit $3\,1/8$. Auch das ist ziemlich genau.

Zu Archimedes und seiner Berechnung des Kreisumfangs s. S. 66

Entdeckt, aber nicht verstanden

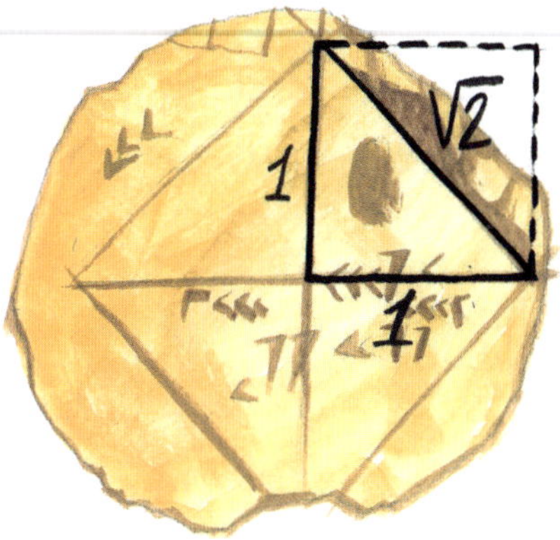

Eine weitere Entdeckung der Babylonier war die Quadratwurzel. Lange dachten die Schreiber darüber nach, wie lang die eine Seite eines rechtwinkligen Dreiecks ist, dessen beide andere Seiten die Länge 1 haben. Sie dachten und grübelten und rauften ihre Bärte. Es handelte sich nicht um eine ganze Zahl, und als Bruch ließ sich der Wert auch nicht schreiben. Doch mithilfe von Zeichnungen stellten sie fest, dass man eine 2 erhält, wenn man diese Zahl mit sich selbst multipliziert.
Die Zahl ist die Quadratwurzel aus 2. Die Babylonier berechneten ihren ungefähren Wert und fügten ihn sofort in eine Tabelle ein, in der sie bereits einfachere Wurzeln erfasst hatten, wie die Zwei selbst (Wurzel aus 4) oder die Eins (Wurzel aus 1).

Zum Satz des Pythagoras s. S. 51

Zu Pythagoras und seiner √2 s. S. 50

Aber selbst das reichte den babylonischen Schriftgelehrten noch nicht. Einer von ihnen runzelte die Stirn und sagte mit einem wissendem Blick: „Zwei ist eins mal eins plus eins mal eins!“
„Eine sehr kluge Bemerkung!“, rief sofort ein anderer Schreiber und fügte hinzu: „Und warum hast du das gerade gesagt?“ Der erste lächelte verschmitzt und zeichnete neben das erste rechtwinklige Dreieck ein weiteres.

Der zweite babylonische Schreiber nickte sofort: „Sehr clever, sehr clever. Das ist ein Dreieck mit den Seitenlängen 3, 4 und 5. Das ist genau die Art von Dreieck, wie wir sie zum Zeichnen von rechten Winkeln verwenden. Aber warum hast du es gezeichnet?“ Der erste Schreiber lächelte noch einmal und schrieb: 3 x 3 + 4 x 4 = 5 x 5. Dann erklärte er: „Wenn man bei einem rechtwinkligen Dreieck die Quadrate der beiden Seiten, die den rechten Winkel bilden, addiert, erhält man das Quadrat der dritten Seite.“

Aber ist das bei rechtwinkligen Dreiecken wirklich immer so? Auf diese Frage sind die babylonischen Gelehrten gar nicht gekommen.

Lange vor Pythagoras selbst haben die babylonischen Schreiber das sogenannte pythagoreische Tripel entdeckt – Zahlen, bei denen die Summe der Quadratzahlen zweier kleinerer Zahlen die größere ergeben. Aber sie haben sie nicht weiter untersucht, geschweige denn den „Satz des Pathagoras“ bewiesen.

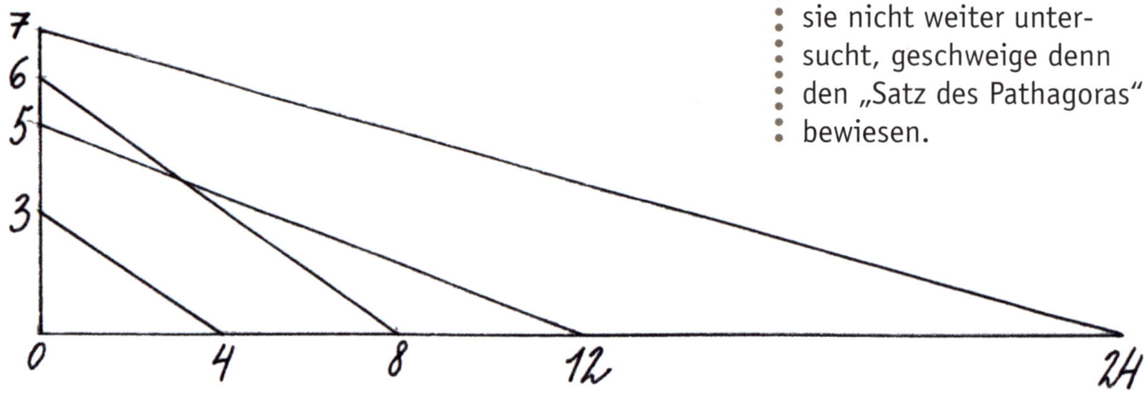

Die berühmteste der mathematischen Tafeln aus Babylon wird „Plimpton 322“ genannt. Plimpton hieß der Sammler, der sie der Wissenschaft überlassen hat, und 322 ist die Nummer, mit der die Tafel unter den anderen Altertümern der Columbia University registriert ist. Auf dieser Tafel sind die pythagoreischen Tripel aufgelistet. Auf einige kann man leicht kommen. So kannst du die erwähnten 3, 4 und 5 nehmen und sie mit derselben Zahl multiplizieren, zum Beispiel mit 2. Du erhältst nun ein weiteres Tripel: 6, 8 und 10. Viel schwieriger ist es, neue Gruppen zu finden, die nichts mit den vorherigen zu tun haben. Und doch haben die Babylonier einige entdeckt: 5, 12 und 13 und 7, 24 und 25, unter anderen. Zu welchem Zweck sie sie sorgfältig auf diese Tafel geschrieben haben, ist unter Gelehrten noch umstritten. Wahrscheinlich war sie eines dieser Handbücher, in denen sie notfalls etwas nachschlagen konnten.

Zu Diophantos s. S. 55

Wie auch die alten Ägypter interessierten sich die Babylonier nicht besonders für abstrakte Mathematik: Hypothesen, Theorien, Beweise. Sie überlegten sich ein paar Lösungen für ein und dasselbe Problem, aber nur um die Antwort zu überprüfen und sicherzustellen, dass ein ähnliches Problem beim nächsten Mal im Handumdrehen gelöst werden konnte.

Und doch lernten die babylonischen Schriftgelehrten dank ihrem Einfallsreichtum bei der Lösung praktischer Aufgaben, quadratische Gleichungen zu lösen – das heißt Aufgaben mit Unbekannten wie bei den alten Ägyptern, aber jetzt solche, wo eine Unbekannte mit sich selbst multipliziert ist.

Obwohl quadratische Gleichungen im täglichen Leben nicht oft verkommen, wurden sie in babylonischen Schulen verwendet, um die Lösungen anderer Aufgaben zu überprüfen.

Wenn ein angehender Schreiber zum Beispiel die Fläche eines Quadrats mit einer bestimmten Seitenlänge berechnen sollte, fand er diese zunächst heraus und machte dann eine Probe auf das Ergebnis, indem er in einer einfachen quadratischen Gleichung von der berechneten Fläche wieder auf die Seitenlänge schloss.
Heute kann jede Fünftklässlerin quadratische Gleichungen lösen, doch bei der Art und Weise, wie sie es tut, hat sich nicht viel geändert.

Es war der Mathematik zu verdanken, dass die Babylonier die ersten in der Welt waren, die Gewölbe und hohe Türme bauen konnten. Von Letzteren aus beobachteten die Schriftgelehrten den Lauf der Sonne und des Mondes am Sternenhimmel, und sie berechneten die Geschwindigkeit und die Richtung ihrer Bewegung. Die Babylonier hatten bemerkt, dass Mond- und Sonnenfinsternisse sich in einem Zyklus von 18 Jahren wiederholten, und konnten so vorhersagen, wann die nächsten dieser Ereignisse eintreten würden. Das einfache Volk von Babylon, das in diese Geheimnisse nicht eingeweiht war, vertraute deshalb allen Vorhersagen der Priester, und diese Priester nutzten dies oft für ihre eigenen Zwecke aus.

Im alten Babylon war die Wissenschaft noch wenigen Menschen vorbehalten.

Zu Omar Chayyām, der kubische Gleichungen löste, s. S. 91

seit 4000 v. Chr.

Altes Ägypten

Anfang der Bruchrechnung

Aufstellung der ersten Gleichung

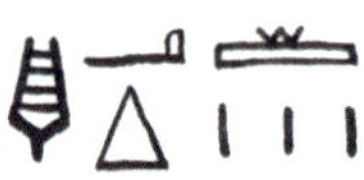

Konstruktion des ägyptischen Dreiecks

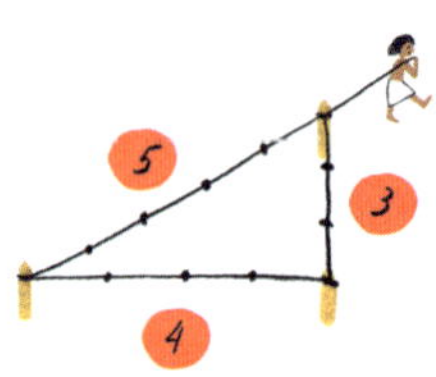

Ungefähre Berechnung der Kreisfläche

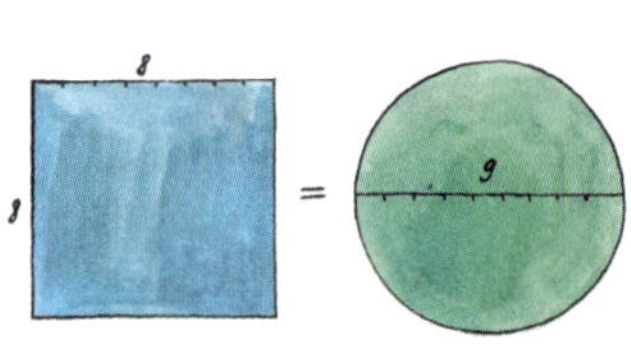

seit 3000 v. Chr.

Babylon

Schreibweisen für alle möglichen Brüche

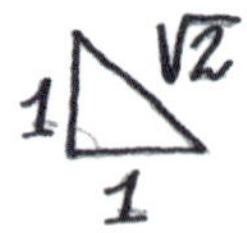

Entdeckung von √2

Lösung von quadratischen Gleichungen

viele pythagoreische Tripel gefunden

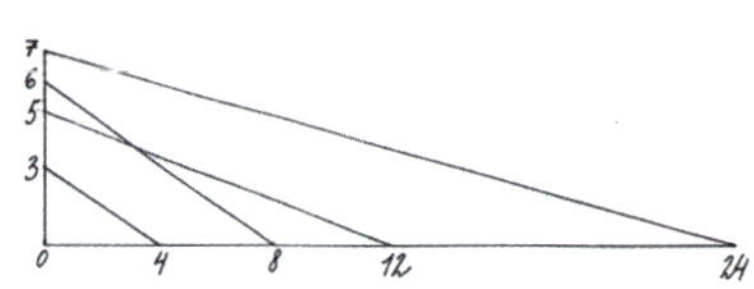

Kreisumfang und Kreisfläche werden ins Verhältnis gesetzt

Erfindung der Prozentrechnung

Aufstellung von Referenztabellen

7. Jh. v. Chr. – 4. Jh. n. Chr.

Altes Griechenland

Beweis, dass √2 nicht als Bruch dargestellt werden kann

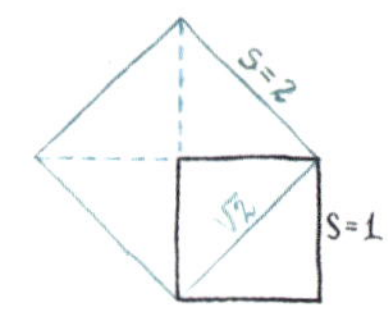

Diophantos und seine Regeln zur Lösung von Gleichungen

Die diophantische Gleichung

$$a^n + b^n = c^n$$

Archimedes: Der Kreisumfang steht immer im selben Verhältnis zum Kreisdurchmesser.

Euler

Computer

ALTES GRIECHENLAND: ECHTE MATHEMATIK

Thales und seine Beweise

Bekanntlich konkurrieren sieben griechische Städte darum, der Geburtsort Homers, des Vaters der Epik, zu sein. Und nicht weniger als vier Städte des antiken Griechenlands könnten Anspruch darauf erheben, die Geburtsstätte der Mathematik zu sein. Es wäre lustig gewesen, dem aufgeregten Gespräch darüber zwischen Athenern und den Einwohnern von Milet oder den Wortgefechten zwischen Syrakusanern und Leuten aus Alexandria zu lauschen. Doch zumindest wären alle diese Städte sich darüber einig gewesen, dass die Mathematik in Griechenland geboren wurde, im 6. Jahrhundert v. Chr.

Das antike Griechenland war nicht nur die Geburtsstätte der Mathematik, sondern auch anderer Wissenschaften sowie vieler anderer Errungenschaften, ohne die wir uns das geistige und gesellschaftliche Leben der Menschen von heute gar nicht vorstellen könnten: angefangen mit der Philosophie bis hin zur Demokratie.

An diesen Orten und zu dieser Zeit haben Menschen, die sich mit Mathematik befassten, dies erstmals nicht getan, um praktische Probleme zu lösen. Sie stellten sich Fragen und suchten nach Antworten nicht für den Gebrauch im Alltagsleben, sondern um sich zu erklären, wie das Universum funktioniert. Während die Schreiber im alten Ägypten und in Babylon dem Staat dienten, beschäftigten sich die alten Griechen mit der Mathematik, einfach aus Interesse und in ihrer Freizeit.

Noch wichtiger ist jedoch, dass die Mathematiker der griechischen Antike keiner besonderen Klasse angehörten. Ihr Wissen war ihnen nicht ein für allemal von den Göttern offenbart worden, und es wurde nicht nur vom Vater an den Sohn weitergegeben.

Jeder, der will, kann Mathematiker werden, und jeder kann einen Mathematiker fragen, warum er ein Problem so und nicht anders gelöst hat. Wenn die Antwort nicht überzeugend ist, kann daraus ein Streit entstehen. Und so etwas ist bekanntlich sehr gut für den Fortschritt der Wissenschaft, denn das Ergebnis eines Streits kann die Wahrheit sein.

Der einzige uns namentlich bekannte altägyptische Mathematiker ist der Gott Thot. Dem antiken Griechenland dagegen haben wir eine ganze Reihe von Berühmtheiten zu verdanken.

Nehmen wir zum Beispiel Thales.
Dieser verehrungswürdige Mann wurde etwa 624 v. Chr. in Milet geboren. In jungen Jahren begab er sich auf Reisen nach Babylon und Ägypten und suchte überall nach neuen mathematischen Erkenntnissen. Als Thales in Ägypten ankam, berechnete er als Erstes die Höhe der einzelnen Pyramiden, was die Ägypter selbst überraschte. Sie hatten die Zahlen längst vergessen und wussten nicht mehr, wie sie sie erneut hätten berechnen können. Es stellte sich heraus, dass es sehr einfach war. Man muss nur einen Stock neben die Pyramide stellen und sobald die Sonne aufgegangen ist, zählen, wie viel Mal der Schatten des Stocks kürzer ist als der Schatten der Pyramide (dabei muss man noch die Hälfte ihrer Seitenlänge zur Länge ihres Schattens hinzufügen). Genau so viel Male ist die Pyramide höher als der Stock. Nur muss man zur selben Zeit messen.

Thales

In Babylon lernte Thales von den dortigen Schriftgelehrten die Wissenschaft der Sternenbeobachtung, und mithilfe der Tabellen der babylonischen Astronomen konnte er sogar eine Sonnenfinsternis vorhersagen – zur Verblüffung der Menschen in seiner Heimat.

Thales setzte die Griechen noch mehr in Erstaunen, als er mit den astronomischen Aufzeichnungen, die er mitgebracht hatte, den richtigen Zeitpunkt für die Olivenernte voraussagte. Er verdiente dadurch eine Menge Geld, als die Ernte reif war, weil er im Winter billig Ölmühlen gemietet hatte. Aber er tat das nur, um zu zeigen, dass Wissen gewinnbringend sein kann. Die Gewinne selbst interessierten ihn als Wissenschaftler nicht. Thales zog es vor, seine Zeit statt mit der Jagd nach Geld damit zu verbringen, mathematische Theoreme zu formulieren und zu beweisen.

So soll er Folgendes bewiesen haben: Wenn ein Dreieck zwei gleiche Seiten hat, sind auch die Winkel an der dritten Seite gleich. Oder eine andere interessante Tatsache: Wenn du einen Kreis zeichnest und dann ein Dreieck darin so einschreibst, dass eine von dessen Seiten durch die Mitte des Kreises geht, dann wird der gegenüberliegende Winkel stets ein rechter Winkel sein.

Diese Winkel können durch Drehen der sie schneidenden Geraden verändert werden, bis zu einem Winkel von 180°. Aber stets bleiben die gegenüberliegenden Winkel gleich. Dies gilt als der älteste bekannte mathematische Beweis der Geschichte.

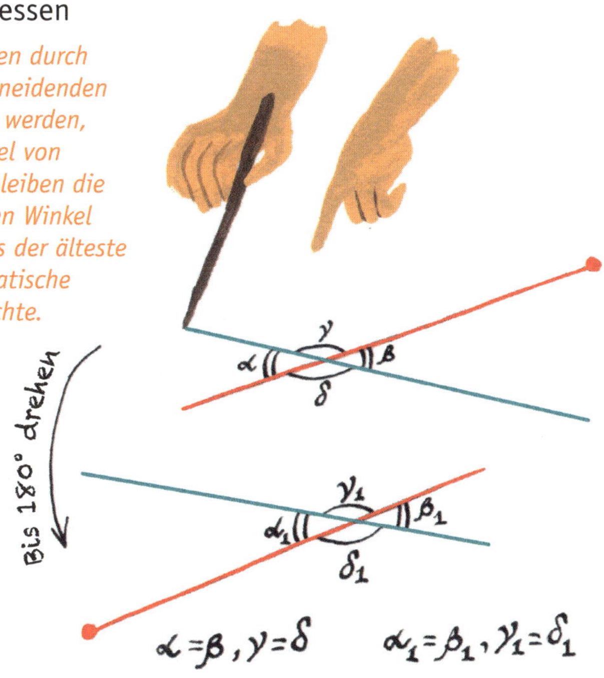

Zu Euklid und seiner Geometrie s. S. 59

Zu den Gesetzen der Logik des Aristoteles s. S. 62

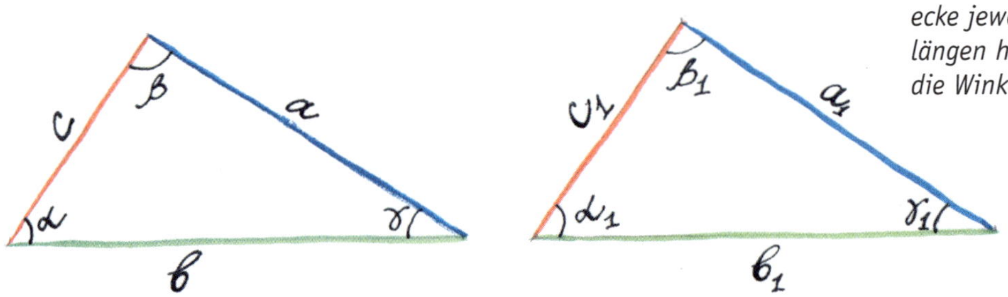

Vielleicht war es Thales, der dies bewiesen hat: Wenn zwei Dreiecke jeweils dieselben Seitenlängen haben, dann sind auch die Winkel dieser Dreiecke gleich.

Wenn $a = a_1$, $b = b_1$, $c = c_1$,
dann $\alpha = \alpha_1$, $\beta = \beta_1$, $\gamma = \gamma_1$.

Auch dieser Beweis wird Thales zugeschrieben: Wenn man eine Linie durch den Mittelpunkt eines Kreises zieht, teilt diese den Kreis in zwei gleiche Hälften. Jetzt werdet ihr wohl einwenden: „Das ist auch ohne Thales offensichtlich! Wozu soll man solche Trivialitäten beweisen?" Aber genau darum geht es bei einem wissenschaftlichen Vorgehen. Wissenschaftliches Vorgehen besteht darin, auch das zu beweisen, was scheinbar offensichtlich ist. Und Thales war der erste Mathematiker in der Geschichte, der diese Art von Wissenschaft praktiziert hat.

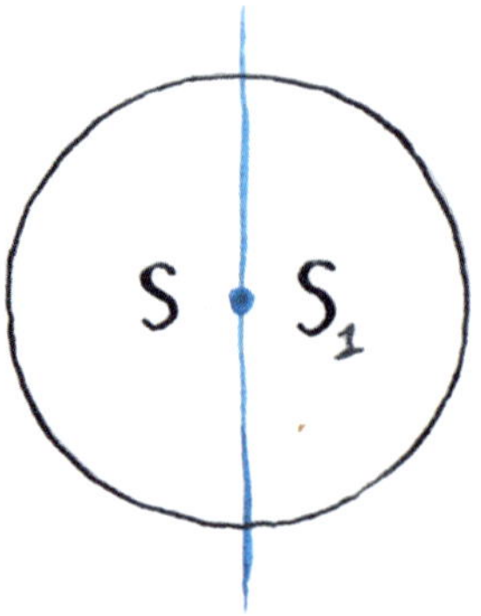

Als Thales alt wurde, besuchte ihn ein junger Mann namens Pythagoras, der von der Insel Samos zu ihm gekommen war. Thales lehrte ihn alles, was er wusste, und sagte ihm dann, er solle nach Ägypten reisen, um den Rest zu erfahren.

Thales schickt Pythagoras nach Ägypten

Pythagoras: Alles ist Zahl

Pythagoras nahm diesen Rat an und reiste nicht nur nach Ägypten, sondern auch nach Babylon. Erst danach ließ er sich in Kroton nieder und gründete seine eigene Schule, in der er Arithmetik, Geometrie und Astronomie unterrichtete – und Musik. Ja, ja, auch Musik.
Das stimmt, aber es ging ihm nicht darum, die Leier zu spielen. Pythagoras und seine Schüler hatten festgestellt, dass dieselbe Saite unterschiedliche Klänge erzeugt, wenn man die Strecke, auf der sie schwingt, verändert. Wenn du sie mit dem Finger zusammendrückst, um sie zu verkürzen, erhältst du einen hohen Ton, und wenn du deinen Finger zum Anfang der Saite bewegst, erhältst du einen tieferen Klang. (Wir spielen immer noch auf diese Weise, zum Beispiel auf der Gitarre oder auf der Geige.) Pythagoras und seine Jünger fragten sich, warum manche Töne gut zusammenpassen, aber andere zusammen ganz schrecklich klingen. Gut klingt es zum Beispiel, wenn eine unverkürzte Saite gleichzeitig mit einer genau in der Mitte geteilten Saite (von derselben Länge und Dicke) angeschlagen wird oder von der zweiten Saite zwei Drittel oder drei Viertel schwingen. Die Lehre davon, in welchen Verhältnissen die Saiten verkürzt werden müssen, bevor sie angeschlagen oder gezupft werden, ist das, was Pythagoras Musik nannte. Also könnte man sagen, dass er seine Schüler auch in Arithmetik, Geometrie und Astronomie unterrichtete, wenn er von Musik sprach.

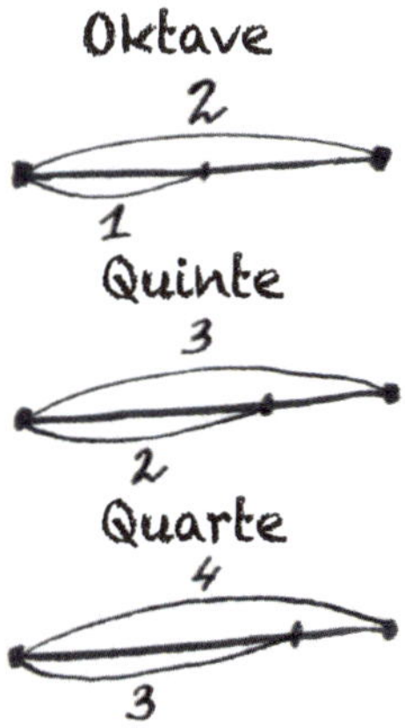

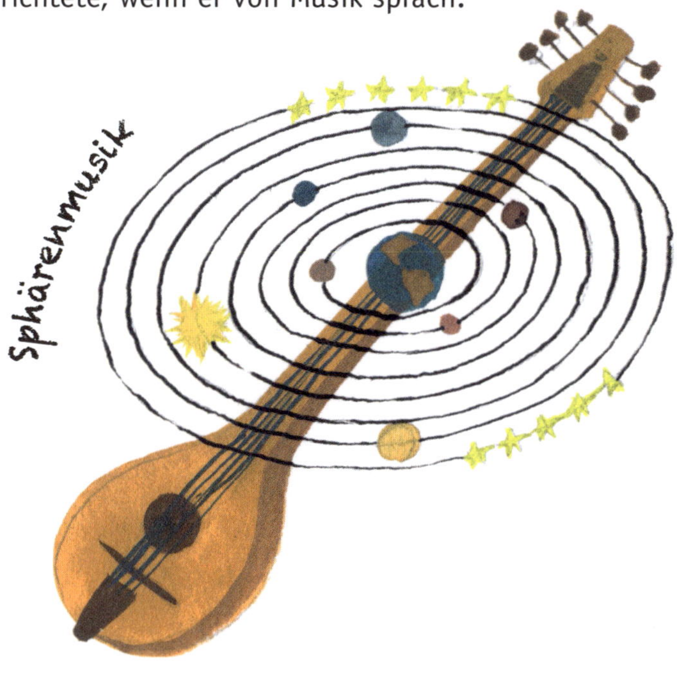

Um Musik zu unterrichten, erfand Pythagoras ein besonderes Instrument, das Monochord. Obwohl das Instrument nur aus einer einzigen gespannten Saite bestand, war Pythagoras sehr zufrieden mit seiner Erfindung und schätzte sie mehr als jede Leier. Er ging sogar so weit zu behaupten, dass unser gesamtes Universum ein einziges großes Monochord sei, auf dem die Himmelskörper musizieren, indem sie sich in bestimmten harmonischen Abständen, den Himmelssphären, bewegen. Allerdings hat niemand außer Pythagoras diese kosmischen Melodien jemals vernommen.

Zudem war es nicht nur die Musik, die Pythagoras als ein bloßes Verhältnis von Zahlen betrachtete. Für ihn bestand die ganze Welt aus den Verhältnissen von Zahlen. So sagte er zu seinen Schülern, den Pythagoräern: „Alles, was ist, sind Zahlen." Interessanter aber ist, dass er der Erste war, der vorschlug, Zahlen in gerade und ungerade zu unterteilen sowie in Primzahlen und zusammengesetzte Zahlen. Eine Primzahl kann nur durch 1 und sich selbst geteilt werden – wie 2, 3, 5, 7, oder 13. Eine zusammengesetzte Zahl ist dagegen durch andere Zahlen teilbar.

Aber das Bild einer Welt, in der alles Zahl ist (eine ganze Zahl oder ein Bruch), wird von unserer alten Bekannten, der Wurzel aus zwei, verdorben. Wenn Zahlen auch die kompliziertesten Dinge ausdrücken können, sollte etwas so Einfaches wie die Länge einer Strecke kein Problem sein. Handelt es sich dabei jedoch um die Diagonale eines Quadrats mit einer Seitenlänge von 1, dann haben wir ein riesiges Problem! Wir können deren Länge nicht als Zahl schreiben, weder als ganze Zahl noch als Bruch.

Als Erste in der Geschichte entdeckten die Pythagoräer eine Zahl, die nicht als Bruch geschrieben werden konnte.

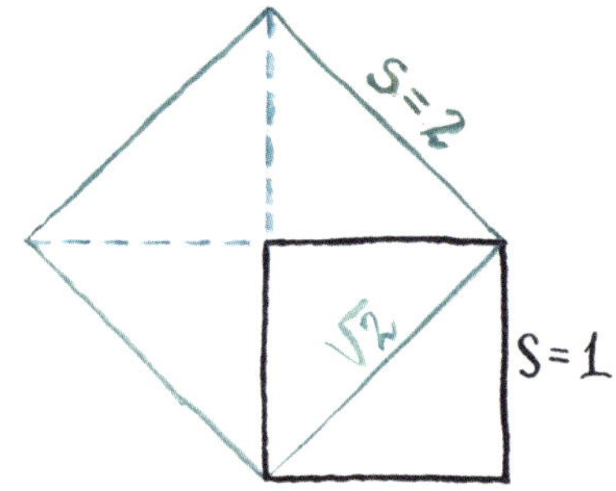

Der Beweis, dass $\sqrt{2}$ kein Bruch ist, geht so: Wenn $\sqrt{2}$ ein Bruch wäre, dann wäre $\sqrt{2} = a : b$. Wenn sowohl a als auch b durch 2 teilbar sind, dann teilen wir diesen Bruch durch 2. Wenn die resultierenden Zahlen immer noch teilbar sind, dann teilen wir sie wieder durch 2. Wir können den Bruch immer weiter reduzieren, bis mindestens eine der Zahlen ungerade ist. Wir erhalten dann einen weiteren Bruch: t/n. Nehmen wir zum Beispiel an, t sei eine gerade Zahl und n eine ungerade Zahl. Nach dem Satz des Pythagoras ist $1^2 + 1^2 = \sqrt{2}^2 = 2$. Daher ist $2 = (t/n) \times (t/n)$ oder $2\ (n \times n) = t \times t$. Es hat sich damit herausgestellt, dass die rechte Seite der Gleichung 2x durch 2 teilbar ist, die linke Seite aber nur 1x. Ein Widerspruch!

Zum Problem der Verdoppelung des Würfels s. S. 52

Diese Zahl wurde von den Pythagoräern geheimgehalten, weil sie nicht zum Bild einer Welt passte, in der alles in ganzen Zahlen und Brüchen beschrieben werden kann. Für sie war das eine peinliche Situation.

Doch schließlich fiel Pythagoras eines schönen Tages ein, was zu tun war. Zwar können nicht alle Strecken mit Zahlen beschrieben werden, aber das Umgekehrte ist möglich: Zahlen können als Verhältnis von Strecken ausgedrückt werden! Zeichne für jede Zahl eine Strecke mit der entsprechenden Länge, und nun kannst du addieren, subtrahieren, multiplizieren, dividieren und durch geometrische Konstruktionen mathematische Sätze beweisen. Die Wurzel aus 2 war nun so harmlos geworden wie jede andere Zahl. Sie war nicht mehr beängstigend. Allerdings gab es im Laufe der Zeit neue Schwierigkeiten.

Die Summe der Kathetenquadrate ist gleich dem Hypotenusenquadrat.

Der Satz des Pythagoras

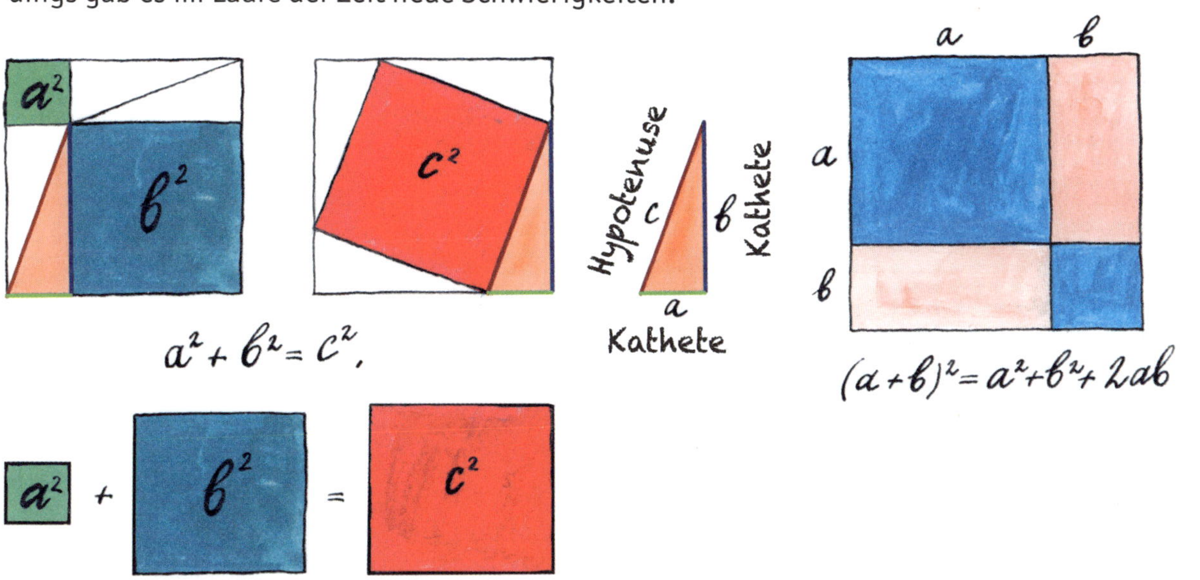

Unlösbare Probleme in der Antike

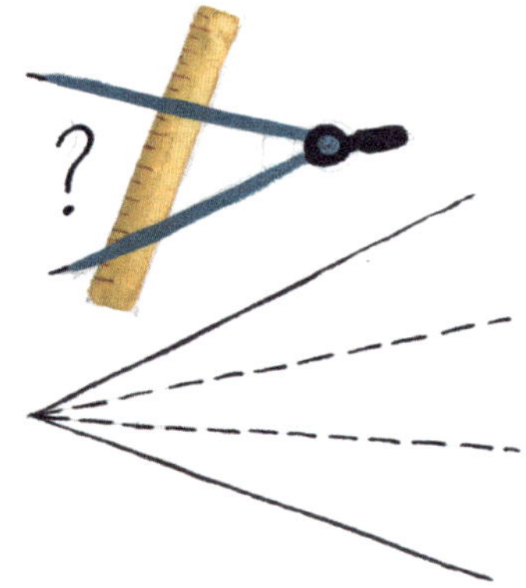

Die alten Griechen konstruierten Figuren und lösten geometrische Probleme mit Zirkel und Lineal. Wie schwierig eine Aufgabe auch sein mochte, früher oder später wurde sie mit diesen beiden einfachen Werkzeugen gelöst. Nur drei Probleme wollten sich einfach nicht lösen lassen.

Erstens war es nicht möglich, einen Winkel in drei gleiche Teile zu teilen. In zwei Teile – das war einfach: dafür brauchte man nur dreimal den Zirkel ansetzen und einmal das Lineal. Doch um drei gleichgroße Teile zu bekommen, ging das nicht. Zweitens war es nicht möglich, ein Quadrat zu zeichnen, das flächengleich mit einem bestimmten Kreis war. Und schließlich war es unmöglich, einen Würfel mit dem doppelten Volumen eines ersten Würfels zu konstruieren.

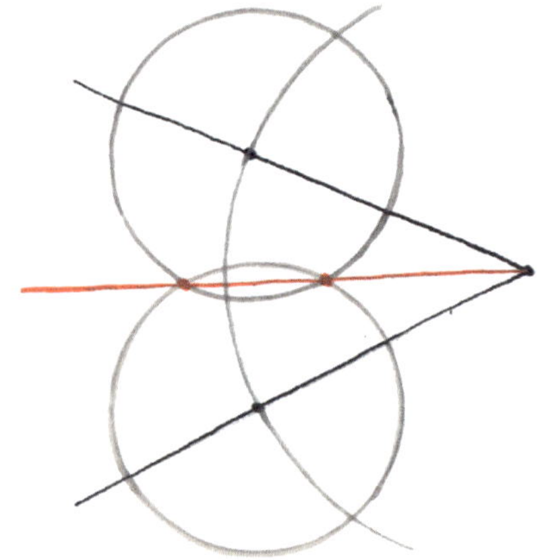

Dieses dritte Problem beunruhigte die alten Griechen ganz besonders. Sie wussten ja, wie man ein Quadrat verdoppelt. Dafür brauchte man nur die Diagonale von einer Ecke des Quadrats zur gegenüberliegenden Ecke zu ziehen und diese zur Seite des neuen Quadrats machen. Bei einem Würfel hingegen sind solche Tricks verständlicherweise nicht möglich. Um einen Würfel zu verdoppeln, hätte man die Seitenlänge des neuen verdoppelten Würfels mit Zirkel und Lineal vom ersten Würfel aus konstruieren können müssen. Aber das erwies sich als unmöglich. Erst viel später, im 19. Jahrhundert, konnten die Wissenschaftler beweisen, warum das unmöglich war. Ebenso unmöglich wie einen Winkel in drei gleiche Teile zu teilen und ein Quadrat mit derselben Fläche wie ein Kreis zu zeichnen. Die alten Griechen im 4. Jahrhundert v. Chr. konnten das nicht wissen, aber sie begannen, es zu vermuten. Die erste Person, die diesen Verdacht äußerte, war ein Gelehrter der athenischen Akademie namens Menaichmos. Er schob entschlossen Zirkel und Lineal beiseite und befasste sich stattdessen mit Kegeln und Kegelschnitten.

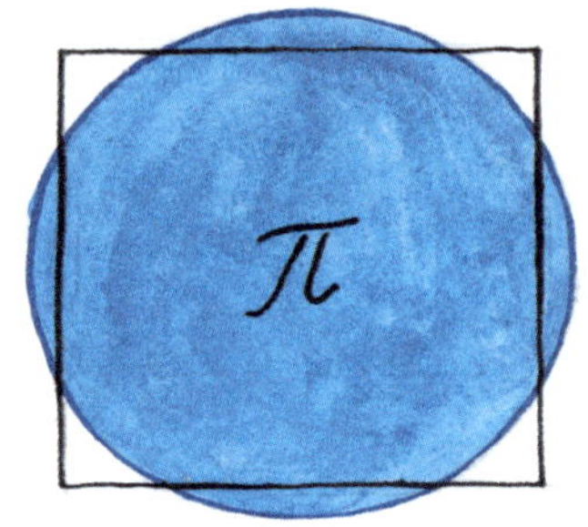

S Kreis = S Quadrat

$2^3 = 2 \times 2 \times 2 = 8 \qquad \sqrt[3]{8} = 2$

2 – Kubikwurzel aus 8

Zu Archimedes und seiner Berechnung des Kreisumfangs s. S. 63

Ja, ja, eine der Lieblingsbeschäftigungen von Menaichmos war es, einen Kegel zu zerlegen. Schneidet man einen Kegel parallel zur Basis durch, ist der Schnitt ein Kreis. Wenn man ihn in einem leichten Winkel durchschneidet, erhält man eine Ellipse. Wenn man die Basis durchschneidet, erhält man eine Parabel, eine Hyperbel oder wiederum eine Ellipse. Dies sind Kegelschnitte. Um sie mit eigenen Augen zu sehen, gießt man einfach Wasser in ein Weinglas, kippt es dann und sieht, welche Formen von der Oberfläche des Wassers gebildet werden. Und mit diesen neu gefundenen Kurven konnte man nun herausfinden, wie weit man die Seiten eines Würfels verlängern muss, damit sich sein Rauminhalt verdoppelt. Um das zu verstehen, muss man sich zwei Würfel vorstellen, einer mit dem doppelten Rauminhalt des anderen.

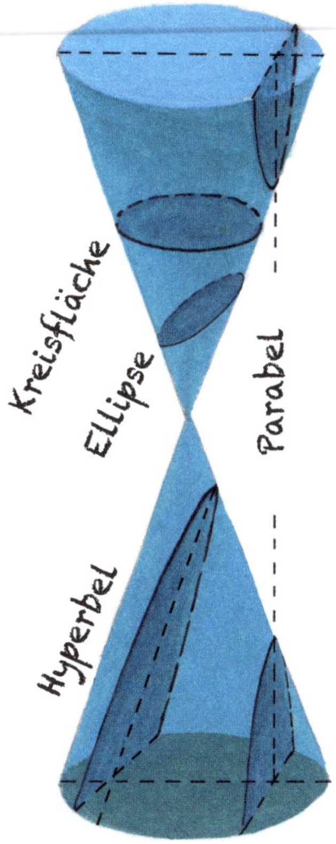

Der erste von ihnen (der kleine Würfel) hat zum Beispiel die Seitenlänge a, und sein Rauminhalt ist 2. Der zweite (der große) hat eine Seitenlänge b, und sein Rauminhalt ist 4. Daraus folgt, dass a mal a mal a gleich 2 ist (weil der Rauminhalt eines Würfels gleich dem Produkt von drei seiner drei Seiten ist). Und b mal b mal b ist gleich 4 (aus demselben Grund). Also ist a mal a mal a mal a mal a mal a gleich 4 (denn 2 mal 2 ist 4). Mit anderen Worten a mal a ist b. Und da dies der Fall ist, muss b mal b gleich a mal a mal a mal a sein, und das Ergebnis ist 2 mal a (denn, wie gesagt, a mal a mal a ist gleich 2).

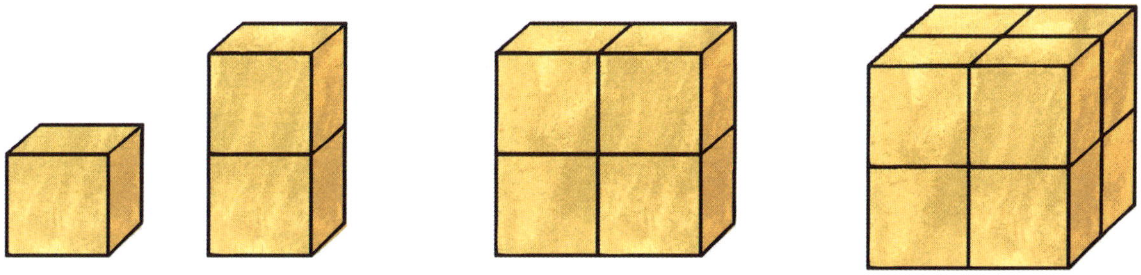

Doch um a und b zu berechnen, brauchen wir die Kegelschnitte. Menaichmos stellte fest, dass die Gleichungen „b x b = a x 2“ und „a x a = b“ als zwei Parabeln dargestellt werden können. Die erste wird auf der Seite liegend und die zweite „auf dem Kopf stehend“ gezeichnet. Von ihren Schnittpunkten ausgehend können wir nun eine Strecke zeichnen, die genau der Seitenlänge des verdoppelten Würfels entspricht.
So wurde auf völlig unerwartete Weise doch noch eine Lösung gefunden! Es entstand nun eine umfassende Theorie der Kegelschnitte – allein Apollonios von Perge hat fast 400 mathematisch beschrieben. 2000 Jahre später sollte sich das für die Menschheit als nützlich erweisen.

Zu Kepler und seinen Gesetzen s. S. 108

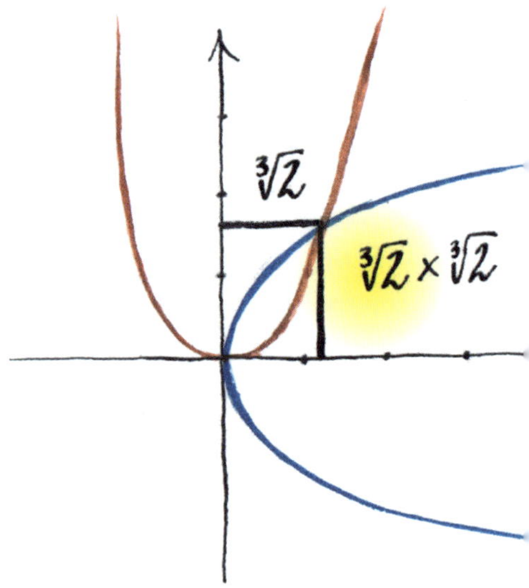

Aber die Kollegen von Menaichmos an der Akademie von Athen verurteilten ihn, weil er sich geweigert hatte, Zirkel und Lineal zu benutzen.

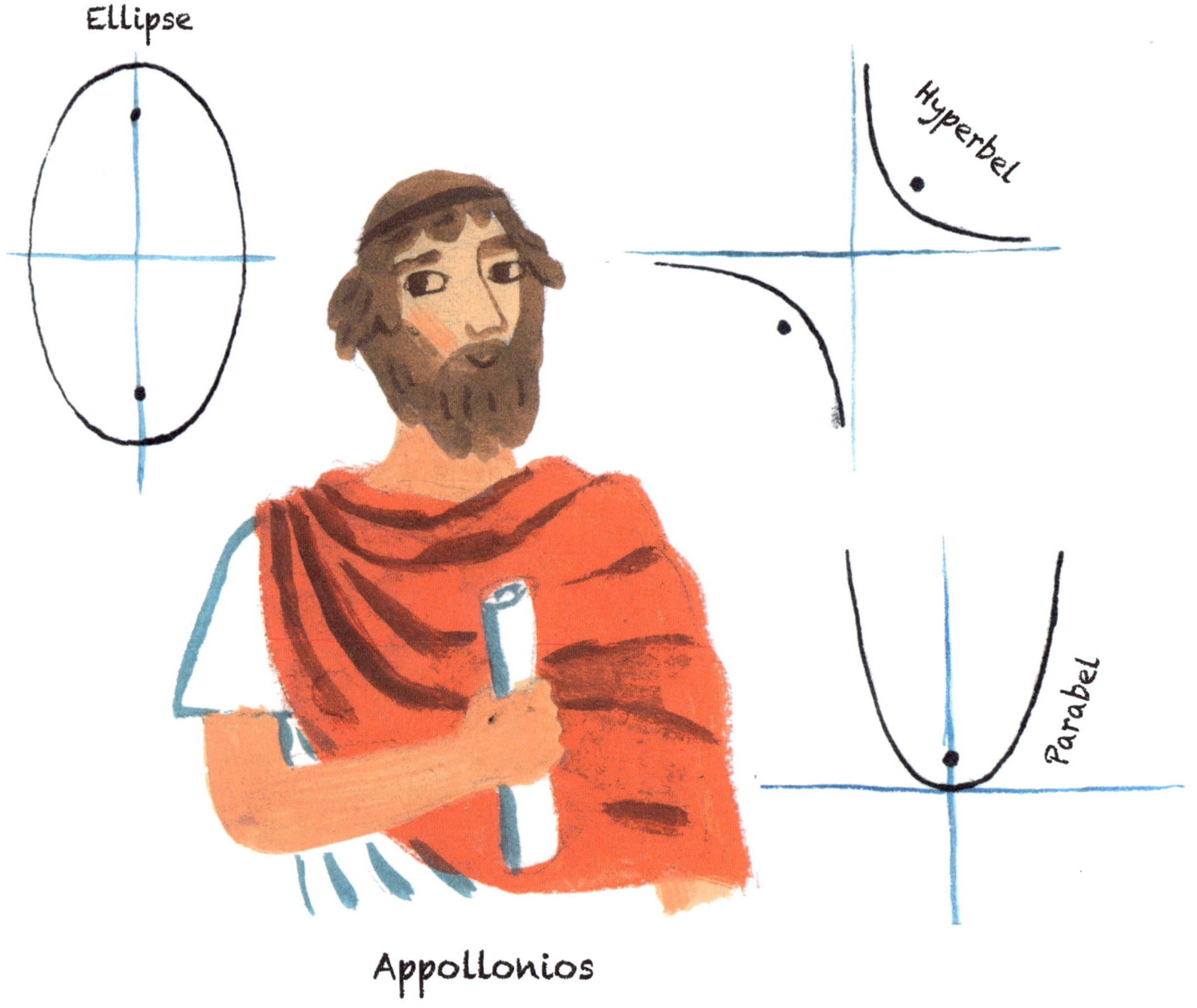

Vorwärts zur Algebra!

Die Schwierigkeiten, die die Griechen mit der Verdoppelung des Würfels hatten, machten deutlich, dass die Idee des Pythagoras, Zahlenverhältnisse als die von Strecken darzustellen, nicht geeignet war, alle Probleme zu lösen. Damit ließ sich zwar die Quadratwurzel von 2 darstellen, doch eine Mathematik, die nur aus Geometrie bestand, reichte nicht aus.

Leider wurde den Griechen diese Tatsache erst am Ende der Antike bewusst, genauer gesagt, im 3. Jahrhundert n. Chr.

In seinem 13-bändigen Werk „Arithmetika“ benutzte der Mathematiker Diophantos Buchstaben für unbekannte Größen und begann, Aufgaben zu lösen, in denen es mehrere solcher Größen gab. Anstelle von langen Texten über Häuser, Katzen, Mäuse und Getreidemaße war es nun möglich, Gleichungen mit x zu schreiben und, falls erforderlich, auch mit y.

Zum Problem der Verdoppelung des Würfelinhalts gibt es eine Legende. Als auf der Insel Delos eine Pestepidemie ausbrach, prophezeite ein Orakel, der einzige Weg, die Krankheit zu besiegen, sei es, den Altar im Heiligtum zweimal so groß zu machen. Der Altar hatte die Form eines Würfels, und zuerst wollten die Bewohner von Delos einen weiteren Würfel daraufsetzen, aber das ging natürlich nicht.

Und hier ist ein Beispiel für ein Problem mit zwei Unbekannten. Es stammt so natürlich nicht von Diophantos, aber es ist für ein modernes Mathematiklehrbuch durchaus geeignet: Ein Oktopus hat acht Beine, ein Seestern fünf. Wie viele Meerestiere gibt es in einem Aquarium wenn die Gesamtzahl der Gliedmaßen 39 ist?

Diophantos erfand Regeln für diese Gleichungen, um ihre Lösung zu erleichtern. Wenn du zum Beispiel etwas von der einen Seite einer Gleichung auf die andere bringen willst, musst du das Vorzeichen in das Gegenteil ändern. Wenn es ein Minus war, wird es zu einem Plus, und wenn es ein Plus war, wird es ein Minus. Es war nicht mehr nötig, die Aufgabe in Form einer Zeichnung darzustellen, und das wiederum ermöglichte die Verwendung negativer Zahlen.

Diophant vergaß auch nicht zu erklären, wie man mit ihnen umgeht, und zwar sehr detailliert. Für den Fall zum Beispiel, dass jemand nicht weiß, dass die Multiplikation einer negativen mit einer anderen negativen Zahl eine positive Zahl ergibt.

Von den dreizehn Bänden der Arithmetik sind nur sechs erhalten geblieben. Aber diese wurden von Gelehrten späterer Epochen bis zum Exzess gelesen.

Einige haben sich sogar von Diophantos inspirieren lassen. Aber dazu mehr in den folgenden Kapiteln.

Diese noch nicht dagewesene Art und Weise, Aufgaben aufzuschreiben, samt allen Regeln dafür, wurde später als Algebra bekannt.

Zu al-Chwarizmi und seiner Algebra s. S. 90

Die alten Griechen verwendeten negative Zahlen nur im Prozess der Problemlösung. Für sich selbst genommen wurden negative Zahlen nicht einmal als Zahlen betrachtet.

Zu den chinesischen Tabellen s. S. 81

14 Jahrhunderte später hinterließ der französische Mathematiker Pierre Fermat Randbemerkungen zur „Arithmetik" des Diophantos. Eine davon wurde dann sein „großer Satz".

Zu Fermat s. S. 116 und 123

Eine der berühmtesten Aufgaben aus der „Arithmetik" ist die, wie man ein Quadrat durch zwei teilt. Wer zuvor aufmerksam gelesen hat, wird sich daran erinnern, dass jeder einem antiken griechischen Mathematiker eine heikle Frage stellen konnte. Und je schwieriger eine Frage war, desto interessanter war die anschließende Diskussion und desto schneller schritt die Wissenschaft voran. Und die Person, die die Frage gestellt hatte, konnte ebenso berühmt werden wie die anderen Mathematiker.

Zenon und seine Paradoxe

Der aus der Stadt Elea stammende Philosoph Zenon ersann eine ganze Reihe von kniffligen Fragen und fragte Mathematiker nach Antworten darauf. Wenn man die Zeit anhält, stellt sich heraus, dass ein fliegender Pfeil nicht weiter fliegt, sondern schwebend in der Luft steht. Wenn wir die Zeit eine Sekunde später wieder anhalten, wird der Pfeil wieder in der Luft stehen. Aber wie kann der Pfeil fliegen, wenn er sich zu einem bestimmten Zeitpunkt nicht bewegt? Das ist ein Paradoxon!

Zu Newton und der Augenblicksgeschwindigkeit s. S. 120

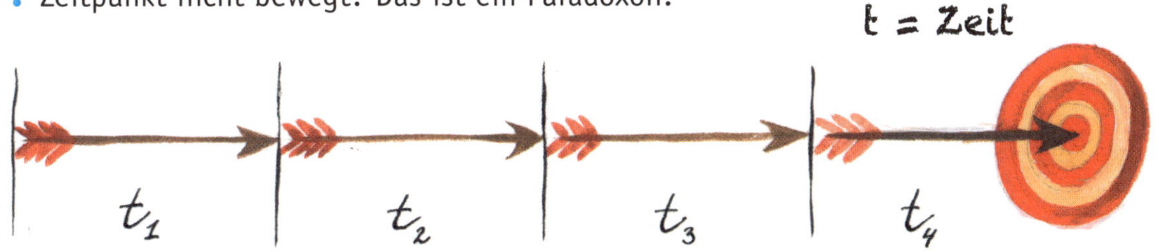

Mit all diesen Paradoxen nähert sich Zenon den Konzepten von Kontinuität und Unendlichkeit. Ist es möglich, die Zeit und den Raum zu teilen oder sind sie diskontinuierlich? Gibt es eine unendlich große Zahl oder einen unendlich kleinen Bruchteil?

Mit Zenons Paradoxen ist es so, als ob er die Mathematiker fragen würde: „Hey, Leute, ist eure Wissenschaft in der Lage, eine vollständige Beschreibung unserer Welt zu liefern? Ohne einen einzigen Widerspruch?“

Zu dieser Zeit konnten die Wissenschaftler keine eindeutige Antwort auf Zenons Fragen geben. Und sogar 2500 Jahre später ist die Debatte noch keineswegs beendet.

Oder ein anderes Paradoxon: Wir nehmen ein Sandkorn – das ist offensichtlich kein Sandhaufen. Wir fügen dann ein weiteres Sandkorn hinzu. Das sind zwei Sandkörner, aber noch kein Sandhaufen. Wir fügen dann ein drittes Sandkorn hinzu. Das macht drei Sandkörner, aber immer noch keinen ganzen Sandhaufen. Und so weiter. Wie können wir dann einen ganzen Haufen Sand haben, wenn man mit keinem der Sandkörner, die man hinzufügt, einen Haufen bilden kann?

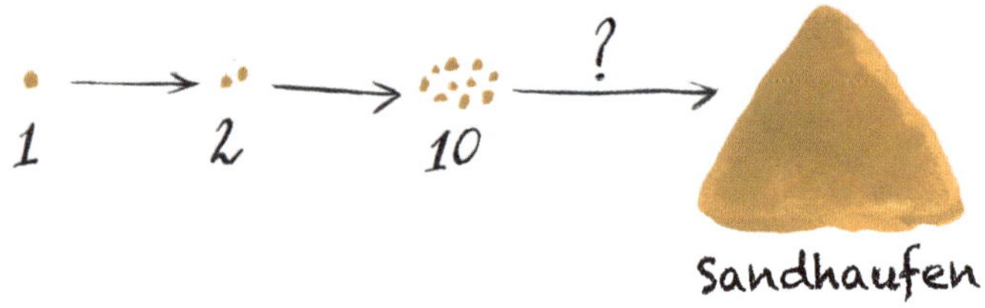

Und hier ist das berühmteste Paradoxon: Wenn Achilles mit einer Schildkröte um die Wette läuft und ihr einen Vorsprung von hundert Schritten gibt, kann er dann die Schildkröte einholen? Wenn er hundert Schritte läuft, läuft die Schildkröte in derselben Zeit zehn Schritte. Und wenn Achilles noch zehn Schritte läuft, wird die Schildkröte in dieser Zeit eine weitere Strecke laufen, die einem Schritt von Achilles entspricht. Und wenn Achilles noch einen weiteren Schritt tut, wird die Schildkröte in dieser Zeit noch ein Zehntel der Schrittlänge von Achilles weiterlaufen.

Und so weiter. Achilles wird die die Schildkröte nie einholen!

Zu Cantor und seiner Mengenlehre s. S. 145

Axiome und Theoreme

Natürlich waren nicht alle Fragen, die den Mathematikern zu Ohren kamen, genauso knifflig und interessant. Der König von Ägypten fragte zum Beispiel: „Gibt es denn keinen einfacheren Weg, Mathematik zu lernen, als Eure Bücher zu lesen?" Woraufhin der große Mathematiker mit den Schultern zuckte und sagte, dass es leider keinen Königsweg zur Mathematik gibt. Obwohl dieses Gespräch 300 Jahre vor unserer Zeitrechnung stattfand, ist die Antwort Euklids auch heute noch gültig. Wenn wir ein beliebiges Schulgeometriebuch aufschlagen, werden wir feststellen, dass das meiste darin zuerst von Euklid in seinen Elementen formuliert wurde, einer Sammlung von 13 Büchern.

Euklid wird der Vater der Geometrie genannt.

Euklid lebte und arbeitete in Alexandria, der wichtigsten Stadt im Reich Alexanders des Großen. Hier wurden Gelehrte zum ersten Mal für ihre Arbeit bezahlt, und hier befand sich die größte Bibliothek der antiken Welt mit über 70.000 Schriftrollen. Auch wenn Euklid nicht alle davon gelesen hat, so kannte er doch die, die sich mit Mathematik befassten. Die gesamte euklidische Geometrie (so wird sie genannt!) ist bis heute noch nicht veraltet. Sie basiert auf Axiomen – mathematischen Behauptungen, die nicht bewiesen werden müssen. Zum Beispiel: Eine Gerade kann durch zwei Punkte gehen oder auch nur ein Element durchqueren. Oder: Was mit demselben gleich ist, ist auch mit sich selbst gleich – wobei es keine Rolle spielt, ob es sich um Strecken, Winkel, Dreiecke oder zwei identische Pfefferkuchen handelt.
Es gab nur wenige Axiome, und alle anderen Aussagen – Theoreme oder Sätze – mussten bewiesen werden. Aufmerksame Leserinnen und Leser werden hier sicherlich protestieren: „Wie konnten die Mathematiker sich darauf einigen, etwas zu behaupten, ohne es zu beweisen? Thales hat doch sogar bewiesen, dass der Durchmesser einen Kreis in zwei Hälften teilt. Und was ist, wenn jemand wie Euklid hingeht und ein Theorem zu einem Axiom erklärt. Oder, umgekehrt, anfängt, alles Mögliche auf der Grundlage von Postulaten, also bloßen Annahmen, zu beweisen?"

Im Ergebnis hat Euklid das gesamte mathematische Wissen, das die Griechen gesammelt hatten, vereinigt und systematisiert.

Zu Newton und seinen Gesetzen s. S. 115

Euklid zeigte, was von nun an die Mathematiker untersuchen sollten: Punkte, Linien und Figuren. Und die fünf euklidischen Postulate der Geometrie beschreiben, wie sie behandelt werden sollten.

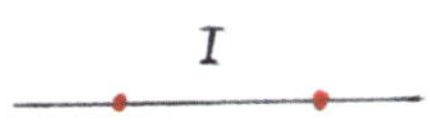

Zwei Punkte kann man mit einer Geraden verbinden.

Eine Gerade setzt sich in beiden Richtungen unendlich fort.

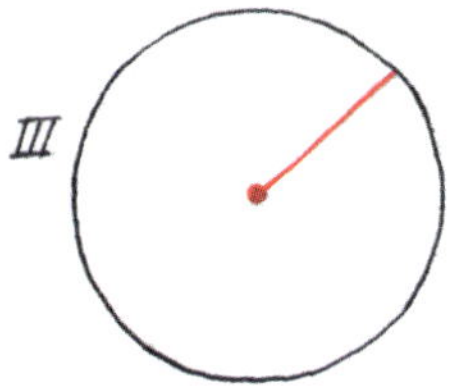

Um jeden Punkt kann man einen Kreis mit beliebigem Umfang ziehen.

Und so geschah es tatsächlich: Es gab einige Gelehrte, die die Axiome nicht als Glaubenssätze akzeptieren wollten. Ein übers andere Mal waren sie darauf aus, sie zu beweisen, und besonders verdächtig war ihnen das verwirrende fünfte Postulat Euklids (es steht auf dieser Seite unter der römischen Ziffer V). Zunächst dachten sie daran, es viel einfacher zu formulieren: Durch einen Punkt außerhalb einer Geraden kann nur eine Gerade gehen, die die erste Gerade nicht schneidet, nämlich die Parallele. Doch viele Jahrhunderte später fanden Wissenschaftler heraus, dass es eine andere Geometrie gibt, bei der das fünfte Postulat anders lautet. Es kann viele parallele Geraden geben; es kann aber auch gar keine geben. Eine solche nichteuklidische Mathematik machte schon der Astronom Menelaos von Alexandria berühmt, der im 1. Jahrhundert n. Chr. lebte. Er stellte sich vor, dass Parallelen sich irgendwann schneiden könnten, und gelangte so zu einer Geometrie, die sich nicht wie bei Euklid in der Fläche entfaltet, sondern auf einer Kugel. Das war notwendig für die astronomische Wissenschaft, oder anders gesagt, die Geometrie der Himmelskugel.

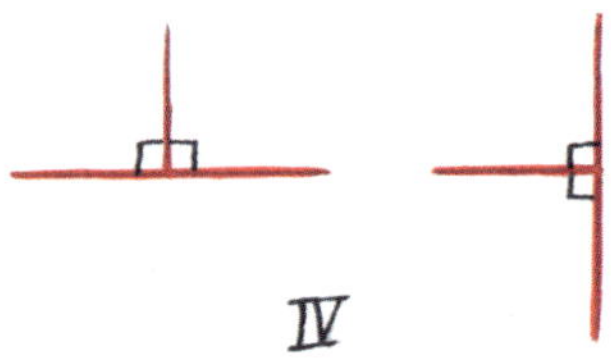

Alle rechten Winkel sind mit sich gleich.

Wenn eine Gerade zwei andere Geraden schneidet und die Summe der beiden resultierenden Winkel kleiner als 180° ist, werden die Geraden, die sie schneidet, sich unweigerlich ebenfalls schneiden.

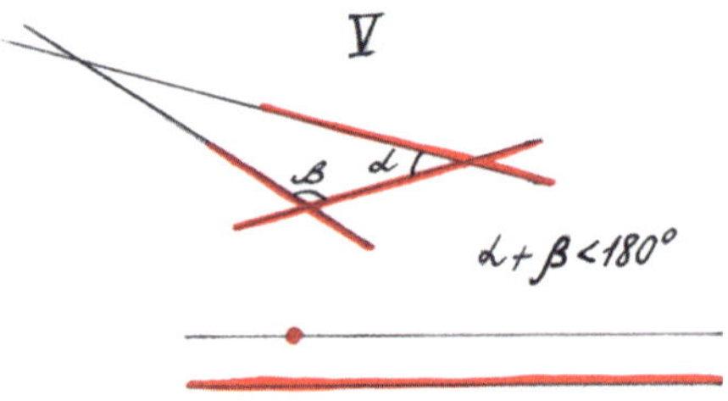

Zum Versuch Omar Chayyāms, das fünfte Postulat zu beweisen, s. S. 93

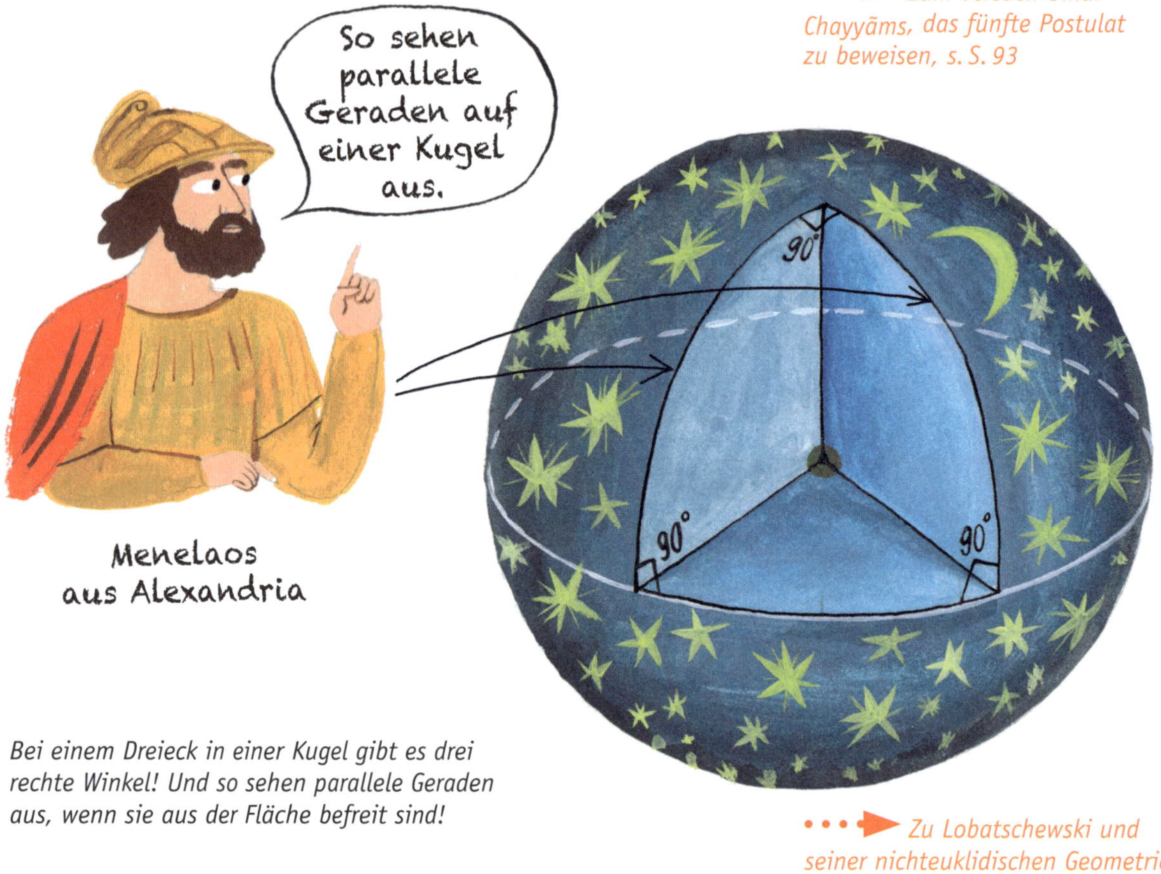

Bei einem Dreieck in einer Kugel gibt es drei rechte Winkel! Und so sehen parallele Geraden aus, wenn sie aus der Fläche befreit sind!

Zu Lobatschewski und seiner nichteuklidischen Geometrie s. S. 136

Stellen wir uns vor, wir kennten die größte Primzahl. Jetzt multiplizieren wir alle Primzahlen einschließlich der größten und fügen eine 1 hinzu. Wir erhalten eine neue Primzahl oder ein Produkt von Primzahlen. Das heißt, es gibt keine größte Primzahl.

$(2 \times 3 \times 5 \times \ldots) + 1 =$ Primzahl oder Produkt von Primzahlen

Primzahl

Aber Euklid hat nicht nur alles mathematische Wissen zusammengeführt; er hat auch selbst seinen Teil zur Mathematik beigetragen, beispielsweise indem er bewies, dass es unendlich viele Primzahlen oder dass es nur fünf regelmäßige Körper gibt.

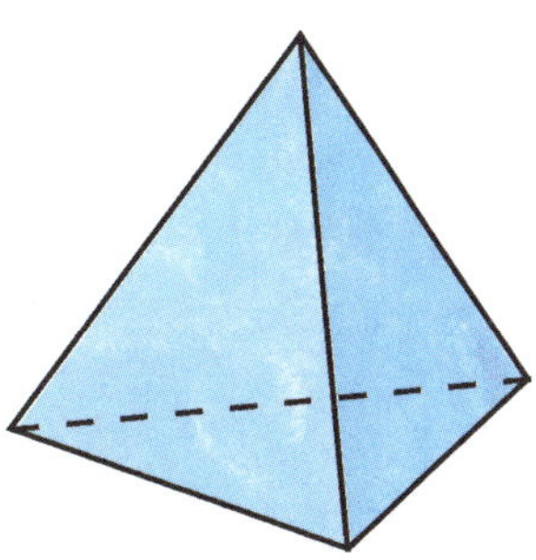
Tetraeder

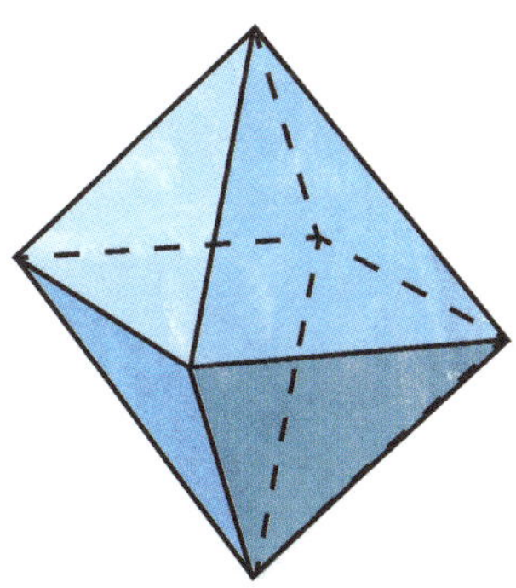
Oktaeder

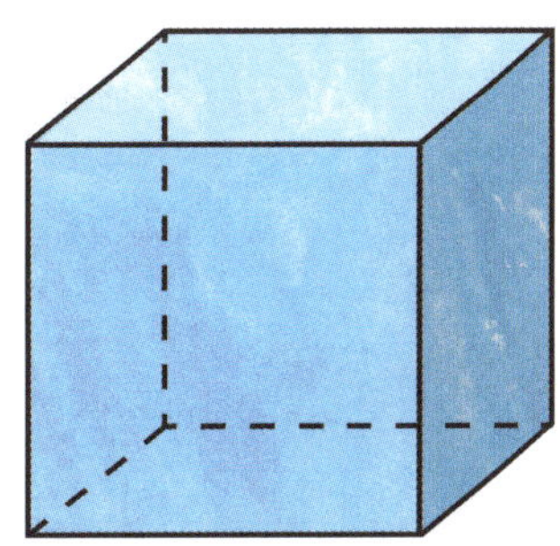
Würfel

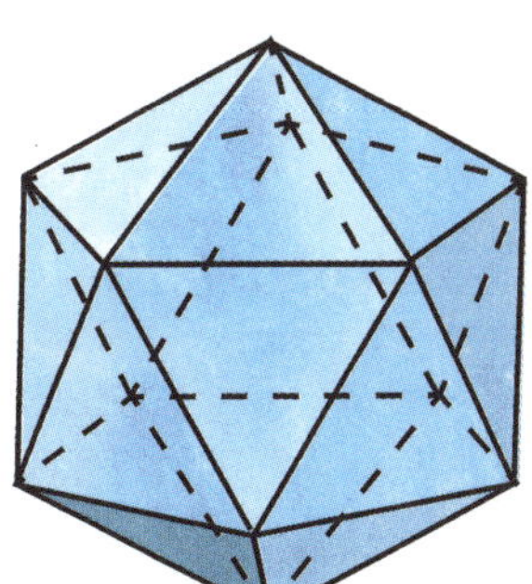
Ikosaeder

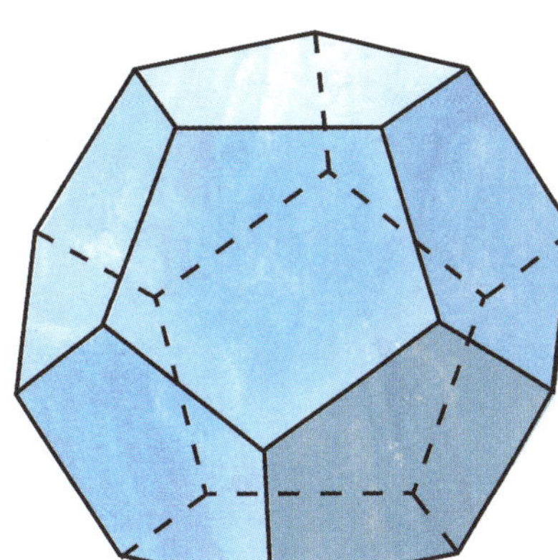
Dodekaeder

Aristoteles

Aber auch bei der Untersuchung der Geometrie auf einer Kugel, für die nicht alle Axiome Euklids gelten, mussten die Mathematiker die allgemeinen Regeln des Theorembeweisens befolgen. Und an dieser Stelle kommt der berühmte Philosoph Aristoteles ins Spiel.
Bereits im 4. Jahrhundert v. Chr. formulierte er erstmals die grundlegenden Gesetze der Logik. Wer sie bei der Argumentation beachtete, war ein echter Wissenschaftler, und wer sie nicht beachtete, war ein Scharlatan.

Es gab nur drei Gesetze.
Erstens: das Gesetz der Identität. Wir können die Bedeutung eines Begriffs im Laufe der Argumentation nicht ändern. Wenn ein Wissenschaftler ein Dreieck zunächst ein Dreieck nennt, fünf Minuten später das Dreieck aber als Quadrat bezeichnet, würde dieser „Wissenschaftler" davongejagt.
Zweitens: das Gesetz des Widerspruchs. Es ist erlaubt, anderen zu widersprechen, aber nie sich selbst. Wenn ein Wissenschaftler behauptet, bestimmte Winkel seien gleich und dieselben Winkel seien ungleich und beides sei richtig, so muss er schleunigst verschwinden.
Und schließlich das Gesetz des ausgeschlossenen Dritten: Wahr ist entweder eine Aussage oder ihre Verneinung. Etwas Drittes gibt es nicht. Wenn ein Wissenschaftler behauptet: „Das ist ein Kreis, aber es ist auch kein Kreis", wird auch er hinausgeworfen werden.

Zu Boole und seiner algebraischen Logik s. S. 144

Archimedes und die praktische Mathematik

Natürlich haben die Mathematiker der griechischen Antike das Fundament, vielleicht sogar das ganze Erdgeschoss für den Bau der modernen Mathematik errichtet. Und es wäre falsch zu sagen: „Wozu sollen diese abstrakten Strukturen denn nütze sein?" Denn sie sind sehr nützlich!

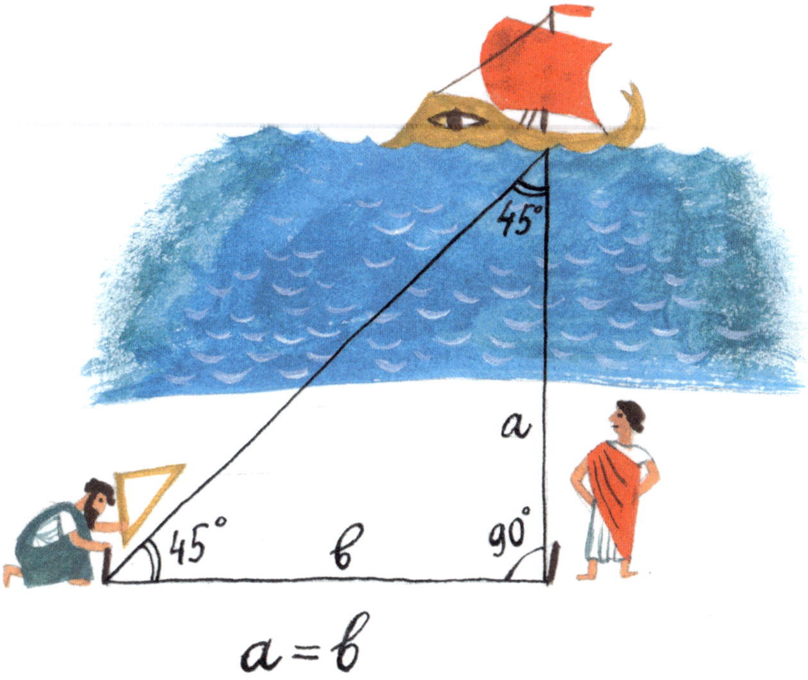

Neben der Lösung abstrakter Probleme beschäftigten sich die alten Griechen mit vielen praktischen Entdeckungen.

Sie lernten zum Beispiel, die Entfernung auf dem Meer fahrender Schiffe vom Ufer zu messen. Dazu mussten sie eine gerade Linie zum Schiff ziehen und eine weitere im rechten Winkel dazu entlang dem Ufer. Auf dieser Linie mussten sie nun den Punkt finden, von dem aus das Schiff in einem Winkel von 45° zu sehen war. Und da bereits bewiesen war, dass bei einem solchen Dreieck zwei Winkel gleich sind, musste man nur noch die Strecke am Ufer messen und wusste dadurch auch die Entfernung des Schiffs.

Im Jahre 212 v. Chr. wurde Syrakus, die Heimatstadt des Mathematikers und Physikers Archimedes, von der Seeseite aus von den Römern belagert. Deshalb entwarf Archimedes eine ganze Reihe von Katapulten, mit denen die feindlichen Schiffe ohne Weiteres getroffen werden konnten. Dies hinderte die Römer fast ein Jahr lang, die Verteidigungslinie zu durchbrechen.

Archimedes war auch in Friedenszeiten nicht untätig. Er erfand die archimedische Schraube, die dazu diente, Wasser aus einem Schiff zu pumpen, oder als Pumpe für die Bewässerung eingesetzt wurde.

Eines Tages sollte Archimedes überprüfen, ob ein Juwelier die Krone des Königs aus reinem Gold gefertigt hatte oder nicht. Archimedes dachte lange darüber nach, wie er das herausfinden könnte, bis er eines Tages in eine Badewanne stieg, die bis zum Rand mit Wasser gefüllt war. Als das Wasser nun überfloss, wurde ihm klar: Wenn er die Krone in dieselbe volle Badewanne legte, würde das Volumen des überfließenden Wassers genau dem Volumen der Krone entsprechen.

Ohne sich auch nur anzuziehen, lief Archimedes mit dieser Entdeckung zum König und schrie aus Leibeskräften: „Heureka, heureka!“ („Ich hab's herausgefunden, ich hab's herausgefunden!“) Im Palast wog er nun zusammen mit dem König die Krone und ein Stück Gold mit demselben Volumen, und es stellte sich heraus, dass die Krone leichter war, was bedeutete, dass der Juwelier ein weniger dichtes Metall verwendet hatte.

Später bewies Archimedes, dass die Badewannenmethode nicht nur für Königskronen geeignet ist, sondern auch für alle anderen Objekte. Daraus leitete er das Gesetz des Archimedes ab, das auch heute noch in den Schulen gelehrt wird.

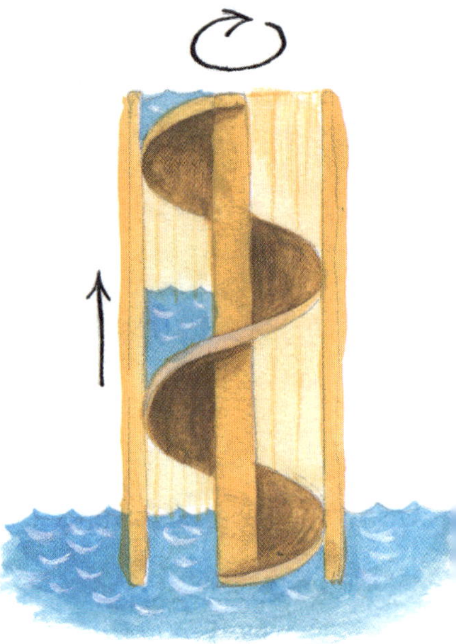

Man kann darüber streiten, in welcher Wissenschaft Archimedes mehr geleistet hat – in der Physik oder in der Mathematik. Er fand seine Lösungen für Probleme durch physikalische Experimente, um sie dann mathematisch exakt zu beweisen.

Aber Archimedes' größte Leistung bestand darin, das Volumen einer Kugel zu berechnen. Vor ihm hatte sich niemand daran gewagt, denn es war völlig unklar, wie man sich einem Objekt nähern konnte, das auf allen Seiten gleich rund war. Doch Archimedes hatte herausgefunden, wie man das Volumen einer Kugel mit dem Volumen des Zylinders vergleichen kann, in den sie eingeschrieben ist.

Auch das Kugelproblem wurde von der Physik im Experiment gelöst. Stellen wir uns ein Brett vor, das auf einem runden Baumstamm ruht. Nun legen wir unterschiedlich schwere Gegenstände auf die Enden des Bretts und verschieben es auf dem Baumstamm, damit es im Gleichgewicht bleibt. Archimedes stellte nun einen Zylinder ans eine Ende dieser Skala und eine genau in diesen passende Kugel auf die andere Seite. Dann stellte er die Position des Bretts auf dem Stamm fest, bei der die Kugel und der Zylinder im Gleichgewicht waren. Es stellte sich heraus, dass die Entfernungen des Zylinders zum Gleichgewichtspunkt und vom Gleichgewichtspunkt zur Kugel genau das Verhältnis 2 : 3 hatten.

Zu Kepler und seinen Fässern s. S. 117

Archimedes wollte sich aber nicht vorschnell freuen. Die Waage hätte ja ungenau gewesen sein können. Wie könnte ein physikalisches Experiment einen mathematischen Beweis ersetzen? Und um seinen Beweis zu führen, nahm Archimedes einen halben Zylinder und eine halbe Kugel. Das Verhältnis ihres Gewichts änderte sich nicht. Aber es war trotzdem notwendig zu beweisen, dass es genau 3 : 2 war. Also nahm er einen Kegel mit dem bekanntem Rauminhalt von $1/3$ des Zylindervolumens. Nun musste er beweisen, dass der Rauminhalt des Zylinders der Summe des Rauminhalts der Halbkugel und des Kegels entsprach. Zu diesem Zweck teilte Archimedes alle drei Körper in sehr dünne Schichten. Er ging also vom Volumen zur Fläche über – und die ist leicht zu berechnen. Von jedem Körper nahm er jeweils auf gleicher Höhe einen Querschnitt. Es stellte sich heraus, dass die jeweiligen Schnittflächen der Halbkugel und des Kegels die gleiche Gesamtfläche haben wie die entsprechende Fläche eines Zylinderschnitts. Das Gleiche gilt für ihren Rauminhalt. Und dasselbe gilt, gleich welche der Schnittebenen von oben bis unten man nimmt. Also ist die Summe der Volumina der Kugel und des Kegels gleich dem Volumen des Zylinders und das Volumen der Kugel $2/3$ des Zylindervolumens. Diese Berechnungen werden umso genauer, je dünner die Schichten sind, in die wir die Körper unterteilen. Und gedanklich können wir sie in beliebig dünne Schichten unterteilen. Aber „beliebig dünn" oder „endlos dünn" – das konnten die Griechen noch nicht denken! Dieser Gedanke wurde erst im 17. Jahrhundert aufgegriffen, und daraus entwickelte sich ein neuer Zweig der mathematischen Wissenschaft.

Und hier ist zu sehen, wie Archimedes die Kreisfläche berechnete. Er teilte den Kreis in Ringe, schnitt ihn dann vom Rand aus zum Mittelpunkt durch, zog die einzelnen Ringe nun von der Schnittstelle aus in Streifen auseinander. Auf diese Weise erhält man fast ein Dreieck (fast, denn seine Seiten sind nicht glatt, sondern gestuft!). Und der Flächeninhalt des Dreiecks lässt sich nun leicht berechnen.

- Archimedes bewies, dass alle Kreise das gleiche Verhältnis von Umfang und Durchmesser haben. Und mithilfe eines regelmäßigen 96-Ecks fand er einen Annäherungswert für die zukünftige Zahl π.

Zu Euler, der die Bezeichnung „Archimedes-Zahl" für π geprägt hat, s. S. 126

$$3\frac{10}{71} < \pi < 3\frac{1}{7}$$

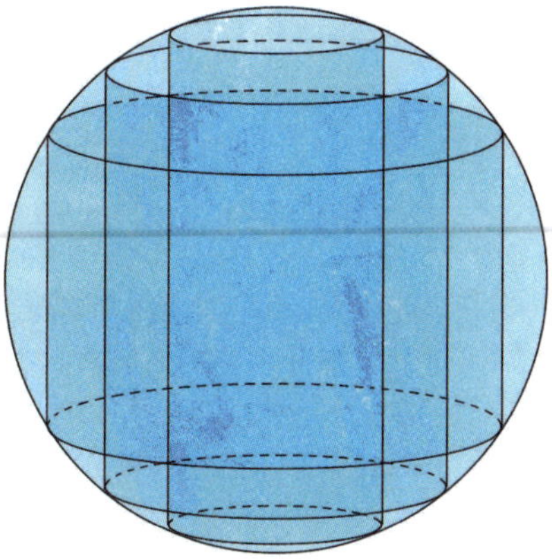

Ein weiteres wichtiges Problem, das Archimedes gelöst hat: welcher in eine Kugel eingeschriebene Zylinder der größte ist.

Archimedes maß das Universum in Sandkörnern. Auf der Grundlage der Berechnungen des Aristarch von Samos und des Eratosthenes berechnete er, wie viele Sandkörner unser Universum enthalten könnte.

Archimedes starb auf bemerkenswerte Weise. Als die römischen Truppen Syrakus einnahmen, trat einer der Soldaten mit dem Fuß auf die Zeichnungen des Archimedes. Dafür beschimpfte der Gelehrte den Soldaten so sehr, dass der aus Angst den 75-jährigen Mann mit seinem Schwert erstach. Ein schreckliches Argument in jedem Streit – aber leider waren die Römer für ihre Kriegskunst bekannter als für wissenschaftlichen Debatten.

Zu Newton und der mathematischen Analysis s. S. 120

seit 3000 v. Chr.
Babylon

√2 wird entdeckt

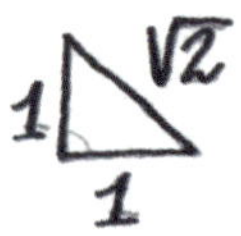

Kreisumfang und Kreisfläche werden aufeinander bezogen

Eine quadratische Gleichung kann gelöst werden.

Viele pythagoreische Dreiecke gefunden

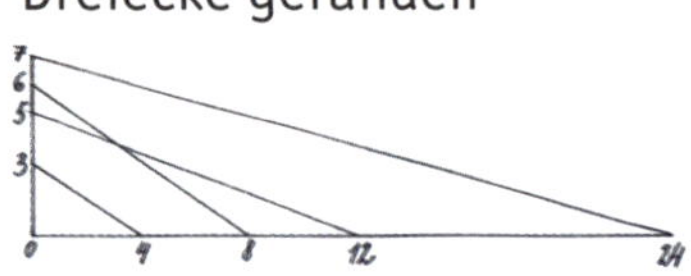

7. Jh. v. Chr. – 4. Jh. n. Chr.
Griechenland

Beweis, dass √2 sich nicht als Bruch darstellen lässt

Überlegung, was für eine Zahl √2 ist

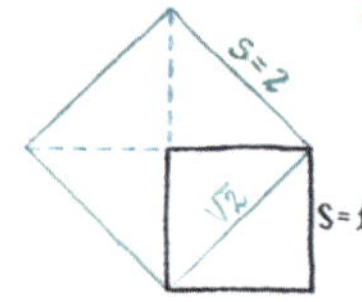

Archimedes: Das Verhältnis von Umfang und Durchmesser eines Kreises ist immer gleich.

Diophantos und seine Regeln für das Lösen von Gleichungen

Diophantos und sein Problem

$$a^n + b^n = c^n$$

Theoreme und Axiome Euklids

Thales und der erste mathematische Beweis. Die logischen Gesetze des Aristoteles.

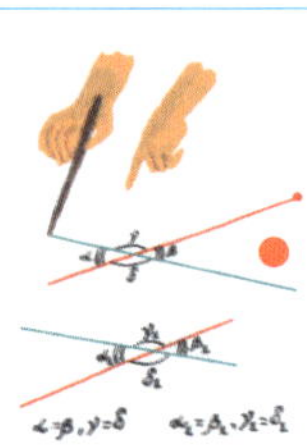

Archimedes und der Rauminhalt der Kugel

Zenon und sein Pfeil-Paradox

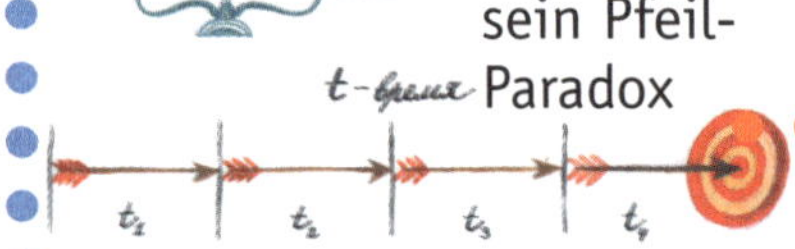

Euler und seine Formel

$$e^{i\pi}+1=0$$

Zu Euler und der Zahl π

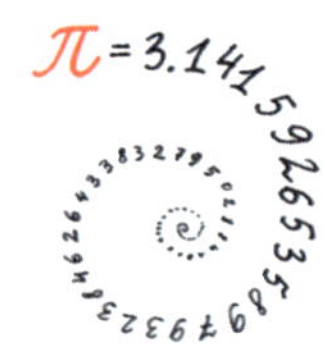

Tartaglia und die Lösung kubischer Gleichungen

Fermatscher Satz

Lobatschewski und seine nichteuklidische Geometrie

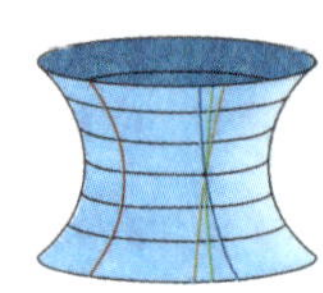

Leibniz und die universale Wissenschaftssprache

Kepler und der Rauminhalt von Fässern

Newton und die gleichförmige Bewegung

DIE ASTRONOMIE IN DER ALTEN WELT

Die Ägypter beobachten Sonne und Mond

Als die Menschen anfingen, sich für die Welt um sie herum zu interessieren, begannen sie auch, das Firmament zu beobachten. Nach oben zu blicken, ist nicht schwierig, und um die Sonne, den Mond und die hellen Sterne zu betrachten, braucht man keine Teleskope. Aufmerksame Leserinnen und Leser werden sich erinnern, dass die Himmelslichter von den vorgeschichtlichen Menschen als Uhren, Kalender und Kompasse benutzt wurden. Aber das war alles ganz alltäglich. Viel wichtiger ist, dass die Entwicklung der Astronomie wesentlich zur Entwicklung der Mathematik beigetragen hat.

Beim Blick in den Himmel fragten sich die Menschen des Altertums unweigerlich: Wie funktioniert die Welt? Auf Armeslänge um uns herum ist alles mehr oder weniger klar, und wenn nicht, können wir hingehen und die Dinge fühlen, riechen und schmecken. Leider geht das mit der Sonne oder den Sternen nicht. Hier müssen wir Hypothesen aufstellen, Theorien entwickeln und Berechnungen anstellen, um herauszufinden, was diese seltsamen Dinge am Himmel sind. Wohin bewegen sie sich? Sind sie groß oder klein? Und wo es um Hypothesen, Theorien und Berechnungen geht, beginnt die Mathematik.

Die Sonne war der Gott Ra, der in einem Boot auf dem himmlischen Nil fuhr. Nachts schwamm er in einem anderen Boot auf dem unterirdischen Nil und kämpfte dort mit einer Schlange. Der Mond war der Gott Thot, der den alten Ägyptern die Mathematik brachte.

Indem die alten Ägypter Tag für Tag und Nacht für Nacht die Himmelslichter beobachteten, machten sie wichtige Entdeckungen. Erstens, dass von Vollmond zu Vollmond manchmal 29, manchmal 30 Tage vergehen. Zweitens, dass von der Sommersonnenwende bis zur nächsten jedes Mal 365 Tage vergehen, und zusätzlich vergeht alle vier Jahre ein Tag mehr.

Um den Beginn der jährlichen landwirtschaftlichen Arbeiten nicht zu verpassen, fingen die alten Ägypter an, außer Sonne und Mond auch die Sterne zu beobachten.

Allerdings setzten sie ihr Wissen nicht in die Praxis um, denn ihr Monat hatte immer 30 Tage und ihr Jahr immer 365 Tage (worin 5 Glückstage enthalten waren – die Geburtstage der Götter). Im Laufe der Zeit häuften sich die nicht berücksichtigten Schalttage an. Und damit verschoben sich auch die ägyptischen Jahreszeiten – die Zeit der Nilüberschwemmung, die Zeit des Wachstums und die Trockenzeit – und stimmten nicht mehr mit den tatsächlichen Jahreszeiten überein.

Die alten Ägypter studierten sorgfältig das Himmelsgewölbe und begannen, ihr so erworbenes Wissen in ihrem Alltagsleben zu nutzen. All dieses Wissen führte aber nicht dazu, dass sie besser verstanden, wie das Universum funktioniert. Was, wie, wo und in welche Richtung sich im Kosmos etwas drehte, blieb für sie ein Rätsel. Für sie blieben die Himmelslichter einfach Götter.

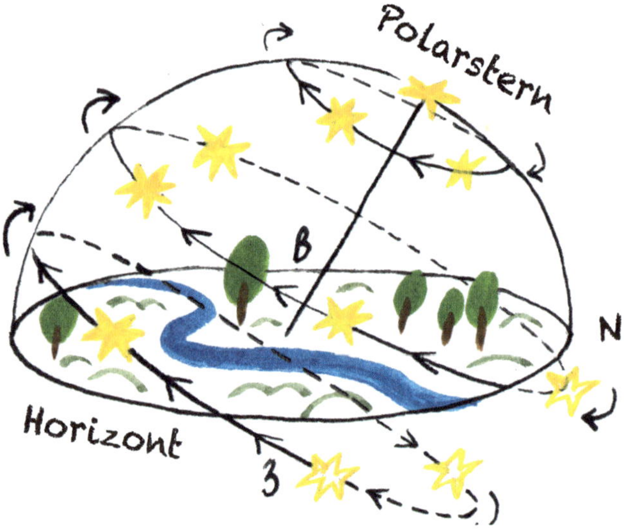

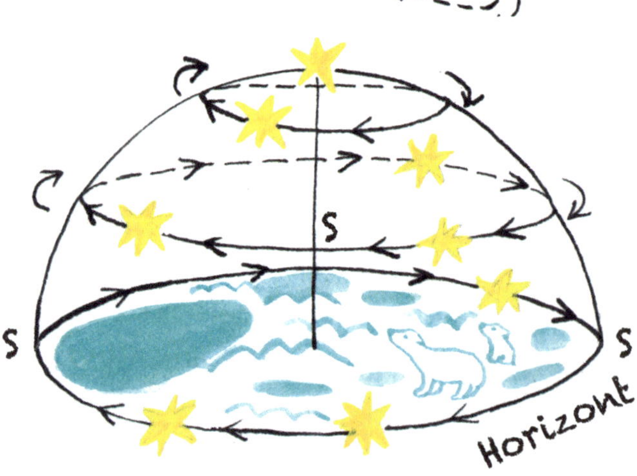

Die Drehung des Sternenhimmels, wie sie am Pol zu sehen ist und wie sie sich in mittleren Breitengraden darstellt.

Der Sirius verschwindet

Der Stern, der die meiste Aufmerksamkeit erhielt, war Sirius – ein Stern, der an sich nicht sehr groß ist, sich aber in der Nähe des Sonnensystems, im Sternbild Großer Hund, befindet und daher gut sichtbar ist. Für die alten Ägypter war er besonders wichtig, weil sein Auftauchen am Himmel nach einer 70-tägigen Abwesenheit das Nilhochwasser ankündigte, und das war ein gutes Zeichen für die Bauern.

Aber warum war Sirius 70 Tage lang nicht zu sehen? Die Ägypter hatten festgestellt, dass einige Sterne das ganze Jahr über sichtbar waren, während andere manchmal sichtbar waren, manchmal aber auch nicht.

Vom Nordpol aus kann man den Polarstern und die benachbarten Sterne immer sehen, weil die Erdachse auf ihn zeigt und die Erdrotation ihn nie aus dem Blick nimmt. Aber nicht viele Menschen betrachten die Sterne vom Nordpol aus. Sie sind auf ihren jeweiligen Kontinenten zu Hause und sehen alle möglichen Sterne, auf die die Erdachse nicht ausgerichtet ist.

In der nördlichen Hemisphäre kann man den Polarstern und die benachbarten Sterne stets sehen, doch wenn ein Stern weit vom Polarstern entfernt ist, dann kann ihn ein Beobachter aufgrund der Erdrotation eine Zeit lang aus den Augen verlieren. Das Einzige, was man sehen kann, ist, dass die Sterne unter dem Horizont verschwinden, während sich die Erde um ihre Achse dreht.

Für den Polarstern ist nun alles klar. Aber warum erscheint Sirius volle 70 Tage lang nicht am Himmel? Er sollte doch von hinter dem Horizont auftauchen und dann jeden Tag wieder darunter verschwinden, genau alle 24 Stunden.

Für sich selbst führten die Ägypter das Verschwinden des Sirius auf die Launen der Götter zurück. Zum Beispiel war Sirius die Göttin Isis, die oft mit Kuhhörnern auf dem Kopf dargestellt wurde.

Die Erde dreht sich um ihre Achse. Und gerade deshalb geschieht, was geschehen muss. Es ist aber so, dass sich die Erde nicht nur um ihre Achse dreht, sondern auch um die Sonne. Je nach Jahreszeit ist einmal die eine und dann die andere Seite der Erde die Sonnenseite. Und weil die Sterne weit von der Sonne entfernt sind, bedeutet dies, dass die Sonne manchmal den einen oder anderen verdeckt. Genauer gesagt nicht mit sich selbst, sondern mit ihrem hellen Licht, hinter dem etwas anderes schwer zu erkennen ist. Und genau das passiert mit Sirius.

Die 70 Nächte, in denen Sirius nicht am Himmel zu sehen ist, folgen auf die Tage, an denen der Stern erst morgens am Himmel auftaucht und von der blendenden Sonne verdeckt wird. Es ist die Sonne, die Sirius-Isis entführt und sie mit ihren hellen Strahlen vor den Menschen versteckt. An anderen Tagen ist Sirius in der Nacht deutlich zu sehen.

Jahrhunderte später sahen die Römer im Aufgang des Sirius auch ein Signal an sich selbst. Allerdings hatte sich der Tag des ersten Sternenaufgangs im Laufe der Jahrhunderte vom Tag der Sommersonnenwende in den August verschoben. Er kündigte nun nicht mehr den Beginn der sommerlichen Feldarbeit an, sondern im Gegenteil den Beginn der heißesten und für die Arbeit ungeeignetsten Zeit. Diese nannten die Römer „Hundstage" – zu Ehren des Hauptdarstellers, des Sternbilds Großer Hund.

Die Himmelsgottheiten – Sin, der Mond, und sein Sohn Schamasch, die Sonne – reisen durch die Himmelskuppel, wo es wie auf der Erde Land, Flüsse und Luft gibt. Jedes Mal, bevor sie wiederauferstehen, müssen sie die Tore des Ostens überwinden, den Ozean, der alles umgibt, und einen hohen Berg im Zentrum der Erde.

Die Babylonier berechnen Sonnenfinsternisse

Die Babylonier beobachteten den Himmel genauer als die Ägypter. Sie betrachteten aber nicht nur die Bewegungen der Sterne, sondern hielten auf ihren Tontafeln auch regelmäßig Informationen über die Regenfälle und die Formen der Wolken fest. Woher sollten sie wissen, was am Himmel zufällig ist und was nicht? Es hat Hunderte von Jahren gedauert, um das herauszufinden.

Aber den Priestern winkte reicher Lohn für ihre Arbeit: Wenn sie die Gesetzmäßigkeiten am Himmel herausfanden, konnten sie vielleicht Naturerscheinungen vorhersagen und damit das Volk beeindrucken, indem sie diese Erscheinungen aus dem Willen der Götter erklärten. Das war noch nicht Astronomie, sondern Astrologie. Zum Beispiel, wenn sie aus den Positionen der Sterne einen militärischen Sieg oder eine Niederlage vorhersagten oder wenn sie prophezeiten, eine Sonnenfinsternis werde zu einer Missernte oder einer Dürre führen. Wenn die Vorhersage nicht eintraf, war es einfach zu sagen, dass es der Wille Marduks – der höchsten babylonischen Gottheit – war, und die nächste Vorhersage zu machen.

Sowohl Astronomen als auch Astrologen beobachten die Sterne, aber Astronomen verwenden diese Beobachtungen, um etwas Neues über die Sterne und das Universum zu erfahren, während die Astrologen etwas über sich selbst und ihr Leben zu erfahren versuchen. Wissenschaftler sind von den Astronomen und Astrologen nur die Astronomen. Schließlich erfordert die Wissenschaft Beweise. Ein Zusammenhang zwischen dem menschlichem Leben und den Bewegungen ferner Sterne ist aber kaum zu beweisen.

Um nichts in der Welt hätten die babylonischen Priester einem gewöhnlichen Menschen verraten, wie sie gelernt haben, Finsternisse vorherzusagen. Aber so haben sie es gemacht:

Zunächst entdeckten sie, dass die Sonne und der Mond sich nicht in einem leeren Himmel bewegen. Um sie herum gibt es viele Sterne und Planeten (genau genommen beobachteten sie aber nur die Venus, den Abendstern). Nachts sind die Sterne und die Venus zu sehen, aber bei Sonnenaufgang und Sonnenuntergang kann man sie auch sehen. Als die Babylonier dies bemerkten, begannen sie sofort, Karten zu zeichnen mit den Sternen, die morgens der aufgehenden Sonne und abends der untergehenden Sonne am nächsten standen, und mit den Sternen, die den Mond in der Nacht umgeben. Es stellte sich heraus, dass die Sternenumgebung der Sonne sich im Laufe eines Jahres allmählich verändert, doch nach einem Jahr wieder dieselbe ist. Und dass der Mond sich seinen Weg nach etwa einem Monat wieder durch dieselben Sterne bahnt.

Beim Studium ihrer Tontafeln stellten die Priester Babylons fest: Die Sonne wandert regelmäßig durch den Zodiakalgürtel (den Tierkreis), und der Mond wandert in schnellem Rhythmus um die Bahn der Sonne, mal darunter, mal darüber. In den Momenten, in denen sich ihre Bahnen kreuzen, verdunkelt der Mond die Sonne, und es kommt zu Sonnenfinsternissen. So stellte sich heraus, dass man eine Sonnenfinsternis bis auf wenige Sekunden genau vorhersagen konnte, wenn man die Geschwindigkeit und die Bewegungsrichtung beider Gestirne berechnete. Das Ziel war erreicht!

Sonne und Mond bewegen sich das ganze Jahr über in Konstellationen des Tierkreises.

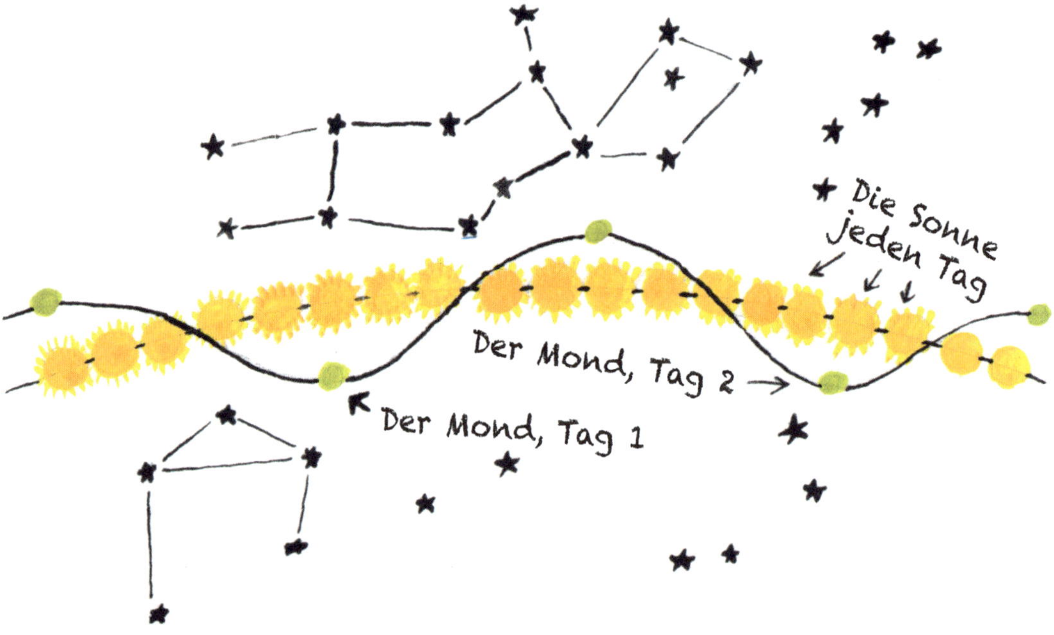

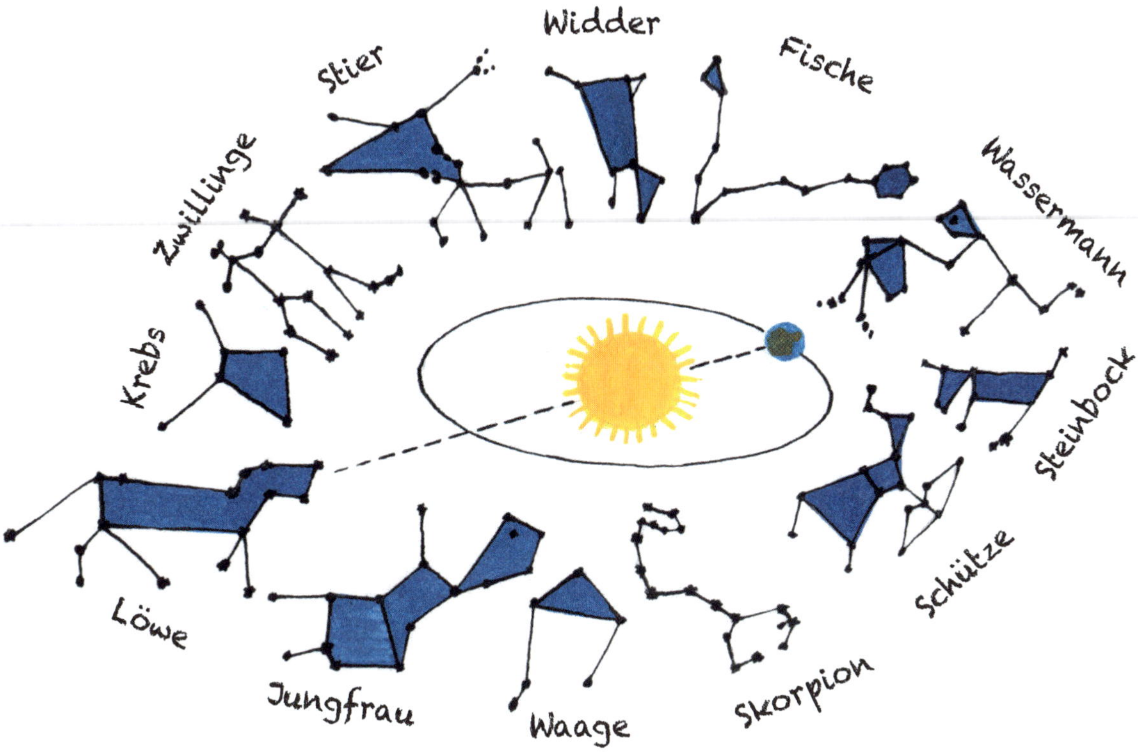

Die Sterne, durch deren Gebiet die Sonne und der Mond im Laufe des Jahres reisen, teilten die Babylonier in zwölf Gruppen, oder anders gesagt, in zwölf Sternbilder. Später wurden diese Sternbilder als Zodiakalkreis bezeichnet, was aus dem Griechischen kommt und mit „Tierkreis" übersetzt wird – zu Ehren der Tiere, die die Fantasie der Griechen in den Sternengruppen sah: Löwe, Stier, Krebs u.s.w.

Mondfinsternisse sind etwas anders. Sie treten dann auf, wenn die Sonne und der Mond auf ihren Bahnen auf dem Tierkreisgürtel einander gegenüberstehen. In diesen Momenten befindet sich die Erde genau zwischen ihnen; die Sonne scheint auf die Erde, die Erde wirft einen Schatten, der Schatten fällt auf den Mond, und man kann den Mond nicht sehen, weil er im Erdschatten liegt: Mondfinsternis. Und auch die kann vorhergesagt werden.

Das Interessante daran ist, dass die alten Babylonier zwar den Weg der Sonne und des Mondes über den Sternenhimmel als kreisförmige Bewegungen verstanden, aber weiterhin daran glaubten, dass die Erde flach ist. Sie konnten ein wunderbares Modell des Sternenhimmels anfertigen, das den tatsächlichen Verhältnissen im nahen Kosmos entsprach, aber sie hatten keine Ahnung von der Form der Erde oder der Struktur des Sonnensystems.

Die Griechen vermessen die Sonne

Wie die Ägypter und Babylonier verwendeten auch die alten Griechen astronomische Beobachtungen für ihre praktischen Bedürfnisse. Vielleicht schon im 12. Jahrhundert v. Chr. orientierte sich Odysseus, der Held des Trojanischen Krieges, während seiner Fahrten an den Sternen. Böse Zungen werden fragen: „Warum hat er dann zehn Jahre gebraucht, um nach Hause zu kommen?" Die Antwort ist einfach: Es lag nur an den Hindernissen, die die Götter für ihn aufbauten, nicht an seinen zu geringen Kenntnissen des Sternenhimmels. Lies Homers Odyssee und überzeug dich selbst: Die Standorte der Sterne am Himmel werden in dem Epos so detailliert beschrieben, dass moderne Wissenschaftler das genaue Jahr der Ankunft des Odysseus auf seiner Heimatinsel bestimmen konnten.

Anders als ihre Kollegen in Ägypten und Babylon gingen die alten Griechen davon aus, dass die Erde eher rund als flach ist. Wenn ein Schiff hinter dem Horizont auftaucht, ist zuerst der Mast sichtbar und erst dann der Bug. Wäre die Erde flach, dann wären Mast und Bug aus jeder Entfernung gleichzeitig sichtbar.

Ein Entwicklungssprung in der griechischen Astronomie fand im 3. Jahrhundert v. Chr. statt, dank einem Astronomen von der Insel Samos namens Aristarch, der sich immer wieder die für diese Zeit unglaublichsten Dinge ausdachte. So fand er heraus, dass der Mond nicht selbst leuchtet, sondern nur das Sonnenlicht reflektiert. Und dann schlug er vor, dass der Mond die Form einer Kugel habe. Auf der Grundlage dieser beiden Annahmen folgerte er, dass wir einen Halbmond sehen, wenn die Sonnenstrahlen einen rechten Winkel zwischen Erde und Mond bilden.

Da er wusste, dass bei totalen Sonnenfinsternissen, wenn der Mond die Sonne verdeckt, ihre Konturen in der Größe übereinstimmen, zog Aristarch den kühnen Schluss, dass die Sonne 20 mal größer ist als der Mond, weil sie 20 mal weiter entfernt ist. Andere Griechen wussten das nicht, denn für sie waren Sonne und Mond ungefähr gleich groß – so groß wie ein Teller.

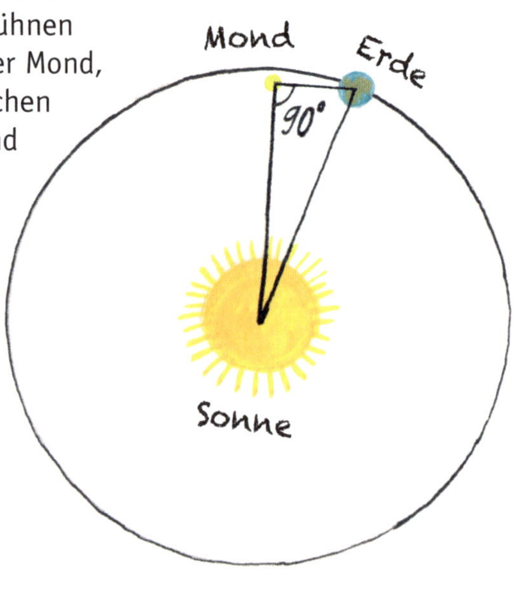

In einem Moment, als beide Himmelskörper zu sehen waren, maß Aristarch grob den Winkel zwischen der Strecke Erde – Mond und der Strecke Erde – Sonne. Dann zeichnete er ein Dreieck und rechnete aus, dass die Entfernung der Erde zur Sonne 19mal größer ist als die Entfernung von der Erde zum Mond.

Noch toller wurde es, als Aristarch vorschlug, dass die Sonne so groß ist, dass es ganz natürlich ist, dass die Erde sich um sie dreht, und nicht die Sonne um die Erde. Die Vorstellung einer solchen Weltordnung vertrug sich aber nicht mit der Selbstliebe der alten Griechen.

Aristarch: Die Erde dreht sich um die Sonne.

Ein anderer Astronom namens Eratosthenes berechnete den Durchmesser der Erdkugel. Und dabei ging er so vor: Zur Sommersonnenwende maß er den Winkel, in dem die Sonnenstrahlen in einen Brunnen in der Stadt Alexandria fielen. Der Winkel betrug $\frac{1}{50}$ eines Vollkreises, von einem rechten Winkel aus gezählt. Zur selben Zeit, wusste Eratosthenes, fielen in der Stadt Syene die Sonnenstrahlen genau im rechten Winkel in einen Brunnen (also bis zu dessen Boden).

Wenn man nun die die Entfernung zwischen Syene und Alexandria mit 50 multipliziert, erhält man den Erdumfang, genau 250.000 Stadien. Zu dieser Zeit hatte Archimedes, mit dem Eratosthenes befreundet war, bereits herausgefunden, wie man den Durchmesser eines beliebigen Kreises berechnen kann, wenn man seinen Umfang kennt. Alles, was man tun muss, ist, diesen Umfang durch einen Wert zwischen $3\frac{10}{71}$ und $3\frac{1}{7}$ zu teilen. Nach dieser Formel hat Eratosthenes den Durchmesser der Erdkugel ermittelt.

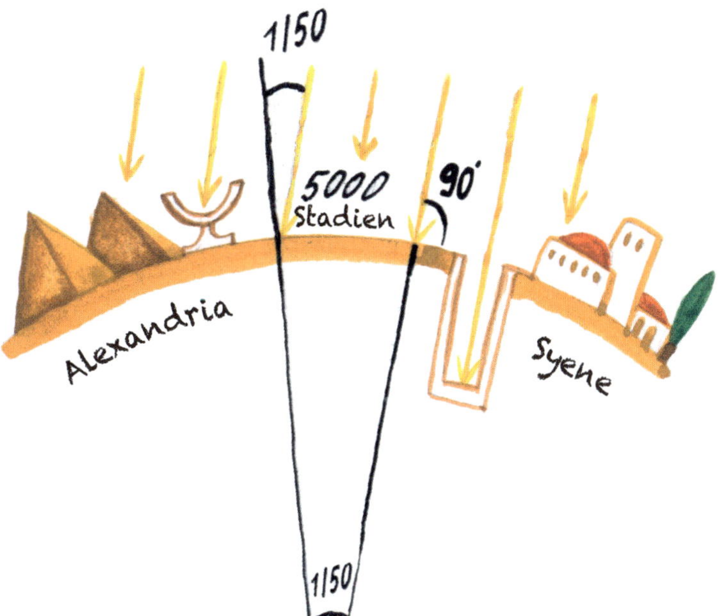

Eratosthenes

Ein Idealbild der Welt

Die alten Griechen waren die ersten, die nicht nur die Sonne, den Mond und die Sterne am Himmel betrachteten, sondern in der Vielfalt des Kosmos fünf Planeten des Sonnensystems fanden – neben der Erde. Sie identifizierten sie anhand ihrer fortwährenden Bewegung vor dem Hintergrund der Sternbilder.

Jeder der Planeten wurde nach einer Gottheit benannt. Später wurden die Namen von den Römern übersetzt, und in dieser Form werden sie auch heute noch verwendet: Merkur, Venus, Mars, Jupiter, Saturn.
Die alten Griechen konnten die Bewegung der Planeten am Sternenhimmel nicht erklären, obwohl sie sich seit der Zeit des Philosophen Platon immer wieder mit dem Problem auseinandersetzten. Platon selbst war kein Experte in Astronomie: die reale Sonne und die realen Planeten und Sterne waren für ihn nicht von Interesse. Stattdessen versuchte er, „ideale" Sonnen, Planeten und Sterne zu verstehen. Das heißt, nicht die am Himmel, sondern solche, die in einer idealen Welt existieren sollten.
In der Mathematik hatte sich diese Herangehensweise bereits durchgesetzt: Statt konkreter Quadrate auf der Erde und Rechenaufgaben zu Fladenbroten studierten die Griechen abstrakte Dreiecke und die Eigenschaften von Zahlen.

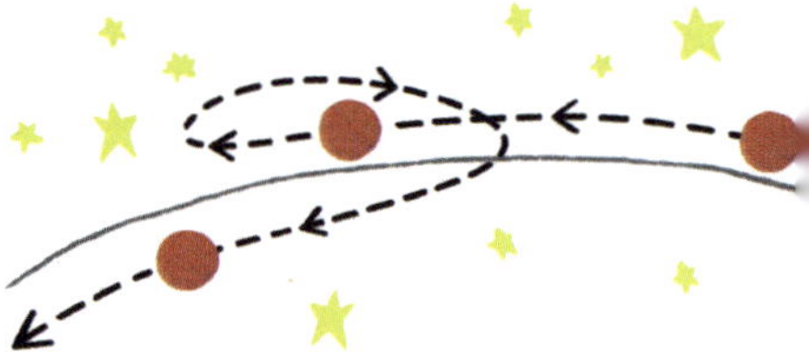

„Die ideale Welt ist eine ideale Sphäre" (das heißt Kugelschale), behauptete Platon und fügte hinzu: „Und die Bewegungen im idealen Kosmos vollziehen sich auf idealen Kreisbahnen und mit konstanter Geschwindigkeit."

Das ptolemäische mathematische Modell des Sonnensystems

Es war Aristoteles, ein Schüler Platons, der dieses ideale Weltbild perfektionierte. Um Missverständnisse zu vermeiden, trennte er die beobachteten Himmelserscheinungen von der „idealen" Welt. Astronomen sagten nun nicht mehr nur Sonnen- oder Mondfinsternisse voraus, sondern untersuchten ideale Himmelskörper und ihre Bewegungen. Sie fanden so Regeln und Gesetzmäßigkeiten und lösten Probleme. Und das, ohne überhaupt in den Himmel zu gucken. Von diesem Zeitpunkt an bis zum 16. Jahrhundert war die Astronomie ein Teil der Mathematik.

Obwohl das platonische und das aristotelische System einer idealen Welt nicht den tatsächlichen Verhältnissen im Weltall entsprach, entwickelten die Griechen die Astronomie weiter, und im 2. Jahrhundert n. Chr. schuf der Gelehrte Claudius Ptolemäus aus Alexandria eine neues „ideales" astronomisches System.

Zu Euler, von dem der Begriff „archimedische Zahl" für π stammt, s. S. 126

Um das ptolemäische Bild des Weltalls zu verstehen, müssen wir uns einen Clown vorstellen, der mit Keulen jongliert. Dabei dreht sich jede Keule um ihre Querachse. Als Nächstes stellen wir uns vor, dass an einem Ende jeder Keule sich ein Planet befindet, der sich mit der Keule deshalb in einem kleinen Kreis dreht (dessen Umfang der Länge der Keule entspricht) und zugleich in einem größeren Kreis um den Clown. Weiter müssen wir uns vorstellen, dass sich im Mittelpunkt dieses Wirbels die Erde befindet. Aber nicht genau in der Mitte, sondern nur ungefähr (etwa in Höhe des Bauchnabels des Clowns).

Ptolemäus schrieb ein Buch, das zu einer Enzyklopädie des Sternenhimmels wurde. Wenn jemand in den folgenden Jahrhunderten etwas über den Sternenhimmel erfahren wollte, fing diese Person damit an, darin zu lesen. Und wenn diese Person ein eigenes Argument vorbringen oder eine eigene Hypothese aufstellen wollte, schrieb sie einen Kommentar zum Buch des Ptolemäus. Ohne dieses war keine Diskussion über den Sternenhimmel möglich.

Heute wissen wir, dass die Theorie des Ptolemäus nicht der Realität entspricht. Die Planeten drehen sich um die Sonne, nicht um die Erde. Ansonsten aber beschrieb das ptolemäische System die Positionen der Planeten sehr genau und ermöglichte, ihre Bewegungen zu berechnen und vorherzusagen.

Ptolemäus

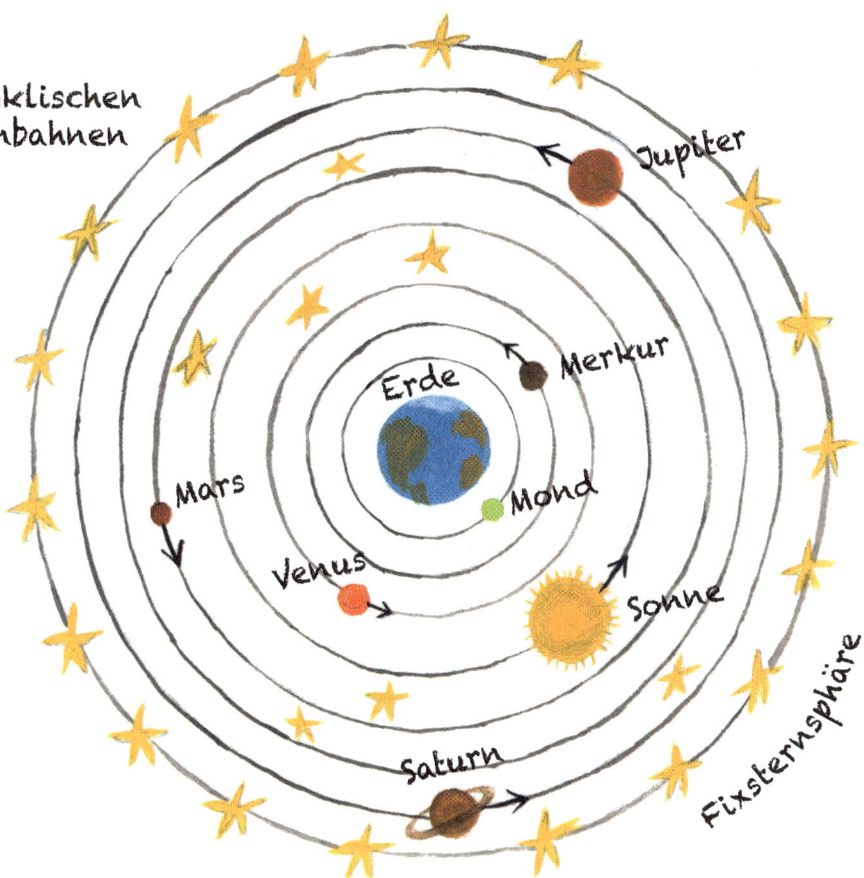

Das geozentrische System des Ptolemäus

DIE GROSSEN KRYPTOGRAPHEN: MATHEMATIK IM ALTEN CHINA

Die Zahl Fu

In China begann die Entwicklung der Mathematik im 2. Jahrtausend v. Chr. und schritt seitdem immer weiter fort. Hofastrologen beobachteten den Nachthimmel, und die Menschen lernten zuerst praktische, aber dann auch abstrakte Aufgaben zu lösen.
Und alles begann mit einer Schildkröte.

Der Legende nach kroch sie aus dem Huangho-Fluss zum Kaiser, und auf ihrem Panzer war ein magisches Quadrat aus neun Feldern mit Zahlen von eins bis neun eingezeichnet. Die Magie des Quadrats bestand darin, dass die Summe von jeweils drei Zahlen in der Senkrechten, in der Waagerechten und in der Diagonale jeweils dieselbe war.

Inspiriert von magischen Quadraten entwickelten die Sterndeuter eine neue Methode zur Lösung mathematischer Probleme: mit ebensolchen quadratischen Tafeln. In die einzelnen Zellen wurde geschrieben, was bekannt war, und die Zeilen der Tabelle konnten mit einer beliebigen Zahl multipliziert werden oder konnten addiert oder voneinander subtrahiert werden.

Modern ausgedrückt hatte die Schildkröte dem Kaiser aus den Tiefen des Meeres ein ausgefülltes Sudoku gebracht.

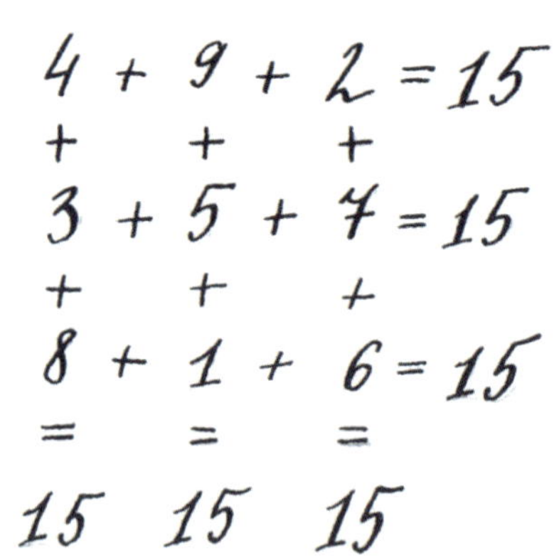

Zur Veranschaulichung dieser Vorgehensweise können wir uns eine Aufgabe vorstellen, in der die verschiedenen Zellen die Rolle von Waagschalen spielen: Drei große Weintrauben und eine Pflaume wiegen 60 Gramm, eine große Weintraube und zwei Pflaumen wiegen 70 Gramm. Finde heraus, wie viel eine Pflaume und eine große Weintraube jeweils für sich wiegen!

Manchmal tauchte in der einen oder anderen Zelle eine negative Zahl auf. Für die alten Völker war der Umgang damit nicht leicht, denn jede Zahl musste für Dinge aus der realen Welt stehen, und −2 oder −3 sind keine Dinge, denen man im Alltag begegnet. Um diese Schwierigkeit zu überwinden, beschlossen die Chinesen, von „Mangel“ oder „Schulden“ zu reden.

Die Chinesen nannten negative Zahlen Fu-Zahlen, und sie schrieben sie genauso wie gewöhnliche Zahlen, aber mit einer anderen Tinte.

	3	1	60
	1	2	70
die erste Zeile verdoppelt →	6	2	120
	1	2	70
Differenz der vorigen Zeilen →	5	0	50

In der ersten Zeile der Tabelle schreiben wir die Zahlen 3, 1 und 60.
In die zweite Zeile 1, 2 und 70.
Wir verdoppeln nun die erste Zeile und erhalten 6, 2 und 120.
Wenn wir davon die zweite Zeile abziehen, erhalten wir 5 und 50.
Wir wissen also jetzt, wie viel eine Weintraube wiegt.

Der chinesische Restsatz

Eine weitere chinesische Entdeckung befasste sich mit einem völlig neuartigen Problem. Stellen wir uns vor, ein Chinese aus dem Altertum taucht auf und sagt: „Ich habe mir eine Zahl ausgedacht. Wenn man sie durch 3 teilt, ist der Rest 2. Wenn man sie durch 5 teilt, bleibt ein Rest von 3, und wenn man sie durch 7 teilt, ist der Rest wieder 2.“ Obwohl es viele solcher Zahlen gibt, müssen wir die kleinste von ihnen finden.

Jede größere Zahl kann auf diese Weise kodiert werden, und sie wird nur von jemandem schnell erraten, der weiß, wie man bei solchen „chinesischen Restsätzen“ vorgeht.

Zunächst werden alle Zahlen, durch die wir die gesuchte Zahl teilen, miteinander multipliziert: 3 × 7 × 5 = 105. Diese Zahl wird sich am Ende als sehr nützlich erweisen. Wir suchen nun zunächst aber eine Zahl, bei der ein Rest von 2 bleibt, wenn wir sie durch 3 teilen, und die durch 5 und 7 teilbar ist. Dafür multiplizieren wir 5 mit 7. Wir erhalten 35, und wenn wir 35 durch 3 teilen, ist der Rest genau genau 2. Sehr gut, lasst uns weitermachen.

Negative Zahlen!

Bei der zweiten und dritten Teilaufgabe gehen wir genauso vor. Wir suchen eine Zahl, bei der, wenn sie durch 5 geteilt wird, ein Rest von 3 bleibt, und die durch 3 und 7 teilbar ist. Wir multiplizieren 3 mit 7 und erhalten 21. Bei 21 geteilt durch 5 bleibt ein Rest von 1. Wir brauchen aber das Dreifache. Also multiplizieren wir 21 mit 3 und erhalten 63.
Dividiert durch 7 soll unsere Zahl den Rest 2 haben. Die Reste von der Teilung durch 3 und 5 kennen wir bereits, also nehmen wir wieder eine Zahl, die durch beide teilbar ist. Wir multiplizieren also 3 mit 5 und erhalten 15. Der Rest der Division von 15 durch 7 ist 1, also die Hälfte der erforderten Menge. Wir multiplizieren deshalb 15 mit 2 und erhalten 30. Nun die letzte Etappe: Jede der Zahlen, die wir gefunden haben, passt zu einer der Anforderungen unseres Problems, und zusammen passen sie auf alle drei Bedingungen. Also addieren wir geschwind die Zahlen: 35 + 63 + 30 = 128. Um nun die kleinste Zahl zu finden, die passt, müssen wir von 128 die Zahl 105 abziehen, die wir zu Beginn sorgfältig abgespeichert hatten. Das Ergebnis ist 23!
Und bei dieser Lösung handelt es sich nicht um einen Trick, sondern um einen echten universellen Algorithmus, der mit jeder Zahl funktioniert. Wenn es allerdings um große Zahlen geht, müssen wir mit viel mehr Resten rechnen.

Dieser Algorithmus wurde im 3. Jahrhundert n. Chr. entdeckt, aber er wird immer noch angewandt. Ein moderner Computer kann zwar nur eine bestimmte Menge von Divisoren und Resten einer Division im Auge behalten. Damit kann er aber beliebig große Zahlen konstruieren und sie, wenn sie nicht mehr benötigt werden, ebenso schnell beiseitelegen, um sie beim nächsten Mal schnell wiederherzustellen, nach dem Muster des „chinesischen Restsatzes".

1 Hahn kostet 5 Jiao, 1 Huhn, 3 Jiao, 3 Küken, 1 Jiao. Für insgesamt 100 Jiao wurden 100 Vögel gekauft. Wie viele davon waren Hähne, Hühner und Küken?

Zu den Computern s. S. 153

SIE KOMMEN AUS INDIEN: NULL UND UNENDLICH

Dividieren durch Null

Parallel zu China vollzog sich die Entwicklung der Mathematik auch in Indien. Hier wurde die Stellenschreibweise von Zahlen entwickelt: von der größten Zahl zur kleinsten. Im Jahr 876 wurde hier zum ersten Mal die Null gebraucht. Bis dahin wurde sie behandelt wie negative Zahlen: wenn etwas gleich null war, brauchte es nicht gezählt und nicht geschrieben zu werden.

Zu Fibonacci und seinem Buch über das Rechnen der Inder, s. S. 100

Doch mit dem Aufkommen der Null entstand ein noch größeres Problem: Wenn Null eine Zahl ist, dann muss sie sich an die allgemeinen Regeln halten und an den Rechenoperationen mitwirken. Bei Addition und Subtraktion war das kein Problem: Du kannst eine Null zu einer Zahl hinzufügen oder von einer Zahl abziehen, und das ändert nichts. Was aber, wenn man mit Null multipliziert? Das heißt, eine bestimmte Zahl ist null mal da. Das eigentliche Problem beginnt, wenn man durch Null dividieren muss. Es ist schwer, sich vorzustellen, was das bewirken wird. Die alten Inder argumentierten deshalb folgendermaßen: Wenn du zum Beispiel 1 durch 1 teilst, ist das Ergebnis 1. Und wenn du 1 durch ½ teilst, ist das Ergebnis 2. Wenn 1 durch ¹⁄₁₀ geteilt wird, ergibt das 10, und 1 durch ¹⁄₁₀₀ ist 100. Je kleiner der Bruch, durch den 1 geteilt wird, desto größer ist das Ergebnis. Bedeutet das nicht, dass man unendlich erhält, wenn man durch Null teilt?

Null ist eine Zahl!

Ein Koch bereitet unterschiedliche Gerichte mit sechs Geschmacksrichtungen zu: scharf, bitter, pelzig, sauer, salzig und süß. Wie viele unterschiedliche Gerichte kann der Koch zubereiten?

Spoiler: Die Lösung lautet 22, denn die Null muss als Zahl ja auch mitgezählt werden.

Jeder moderne Mathematiker wird antworten: Nein, das bedeutet es nicht. Denn wenn eine beliebige Zahl durch Null geteilt wird, könnte dabei unendlich herauskommen; aber umgekehrt, unendlich mal Null kann jede beliebige Zahl sein. Und ist also völlig sinnlos. „Man kann nicht durch Null dividieren, Punkt."
Aber das wussten die alten Inder nicht.

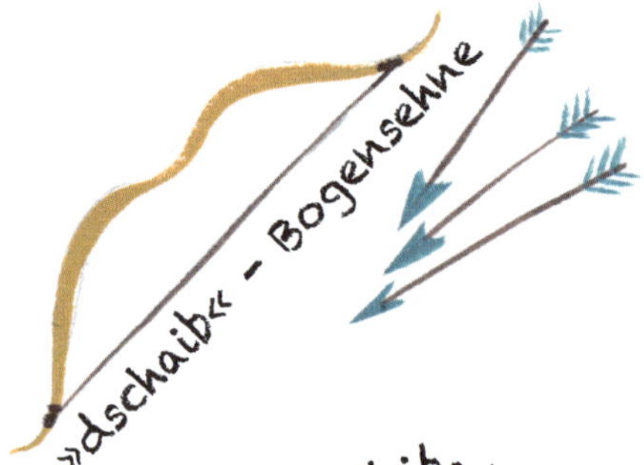

Unendliche Reihen

Ungläubige Leser werden sagen: „Ist es wirklich notwendig, über die Unendlichkeit nachzudenken?" Die alten Griechen haben vor langer Zeit erkannt, dass Unendlichkeit zu Paradoxien führt, und sie vermieden sie so weit wie möglich. Wozu brauchten die Inder die Zahl unendlich?
Sie war für sie nützlich. Aber nicht sofort.
Zunächst waren sie mit dem Problem beschäftigt, die Steilheit eines Berghangs zu berechnen. Wenn wir nur seine Höhe kennen, ist nicht klar, ob der Hang nicht ganz sanft ist und es praktisch überhaupt keine Steigung gibt. Es ist viel überzeugender, gleich das Verhältnis zwischen der Höhe des Berges und der Länge seines Abhangs zu nennen. Mit einem Wort: den Sinus des Steigungswinkels.
Wann immer die Inder auf einen Winkel stießen, haben sie sofort seinen Sinus ermittelt und ihn in eine Tabelle eingetragen. Denn wenn wir den Sinus eines Winkels kennen, können wir den Abstand zu Objekten bestimmen, die wir mit einem Lineal nicht erreichen können. Zum Beispiel die Sterne im Kosmos.
Das Problem ist, dass die große Mehrheit der Sinuskurven irrational ist, so wie die Zahl π. Um sie in eine Tabelle zu schreiben, können wir keine ganzen Zahlen oder Brüche verwenden.

Wie das Wort „Sinus" entstanden ist? Al-Chwarizmi nannte die Strecke, die quer durch einen Bogen läuft, schön und genau: Bogensehne, auf Arabisch „dschaib". Der Übersetzer von Al-Chwarizmis Buch ins Lateinische las aber statt „dschaib" „dschiba", Bucht. Und auf Lateinisch heißt Bucht Sinus.

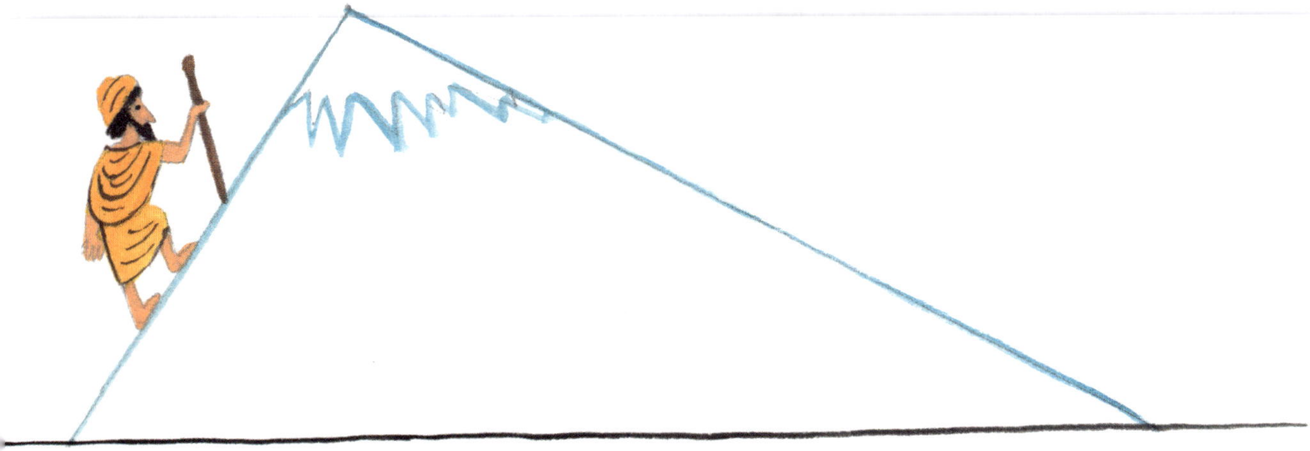

Wir können aber natürlich Näherungswerte notieren. Die Inder aber wollten so genau wie möglich sein. Ein Mathematiker mit dem Namen Madhava war dabei recht erfolgreich, und zwar indem er mit „unendlich" rechnete. Madhava fand heraus: Wenn man zu einem Halben ein Viertel und dann ein Achtel und dann ein Sechzehntel hinzufügt und so weiter und so fort, dann wird das Ergebnis nach einer unendlichen Anzahl von Additionen eins sein.
Und da es möglich ist, sich so bis zur völligen Ununterscheidbarkeit einer Eins anzunähern, ist das auch bei jeder anderen Zahl möglich. Zum Beispiel dem Sinus eines Winkels oder sogar der Zahl pi (π). Wir müssen lediglich eine mathematische Reihe konstruieren, die sich dem annähert. Und wir können diese so präzise berechnen, wie es im jeweiligen Fall erforderlich ist.

Im 14. Jahrhundert gründete Madhava eine Schule für Astronomie und Mathematik in der indischen Provinz Kerala. Zusammen mit seinen Schülern berechnete er eine große Zahl von mathematischen Reihen für unterschiedliche irrationale Zahlen. Seine Entdeckung blieb jedoch der europäischen Welt lange Zeit verborgen. Erst drei Jahrhunderte später setzten sich auch die Europäer mit der Unendlichkeit auseinander und entwickelten das Konzept der mathematischen Reihe.

Eine Menge von unendlichen Reihen zur Berechnung irrationaler Zahlen

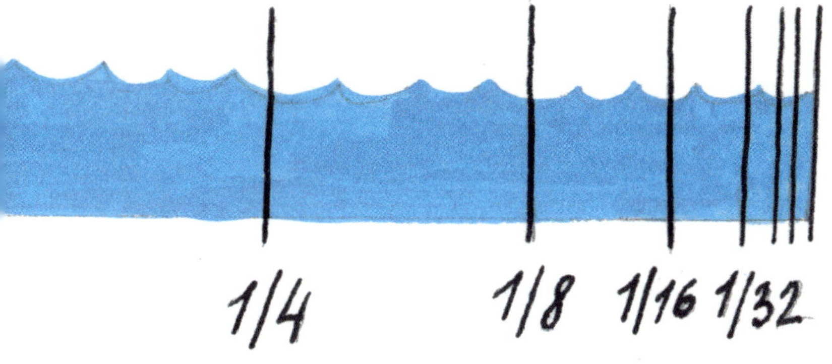

LICHT AUS DEM OSTEN: MATHEMATIK IM ARABISCHEN KALIFAT

Die Mathematik wandert nach Osten

Selbst die von Archimedes erfundenen Katapulte konnten den Sieg der römischen Legionen über Syrakus und andere antike Städte nicht verhindern. In den ersten Jahrhunderten unserer Zeitrechnung umfasste das Römische Reich einen Großteil Westeuropas, große Teile Englands, Nordafrikas und des Nahen Ostens. Für die Wissenschaft war diese neue Epoche leider nicht sehr günstig. Altgriechisch wurde durch Latein ersetzt, doch niemand übersetzte die gelehrten Werke der großen Mathematiker. Die Römer übernahmen das Wissen der Griechen nur, wenn sie es für praktische Zwecke gebrauchen konnten, vorzugsweise in der Kriegsführung. Alexandria blieb für einige Zeit noch das Zentrum des wissenschaftlichen Lebens, aber die Entwicklung der mathematischen Wissenschaft war zum Stillstand gekommen.

Zu den Arabern und ihren Übersetzungen s. S. 88

Am Ende des 4. Jahrhunderts n. Chr. wurde das Römische Reich in zwei Teile aufgespalten, und im 5. Jahrhundert wurde der westliche Teil des Reiches von Barbarenstämmen erobert, die Hosen trugen und kein Interesse an der antiken Wissenschaft hatten. Mit ihrer Ankunft gerieten alle Errungenschaften der Mathematik in Vergessenheit.

Der östliche Teil des Reiches mit seiner Hauptstadt Konstantinopel bestand noch bis zur Mitte des 15. Jahrhunderts. Währenddessen begann in Westeuropa das Mittelalter – eine Zeit, in der die mathematische Wissenschaft vernachlässigt wurde.

Das griechische Wissen überlebte im byzantinischen Reich. Dort wurde Griechisch gesprochen, und die Manuskripte wurden sorgfältig aufbewahrt, die später dann von den Arabern übersetzt wurden. Byzantinische Mathematiker waren am Bau der Hagia Sophia in Konstantinopel beteiligt, und Isidor von Milet erfand eine Vorrichtung zum Zeichnen der Parabel. Ein byzantinisches Werk über regelmäßige Vielecke galt sogar lange Zeit als das 15. Buch Euklids.

Im Osten entstand ein neues Zentrum der Wissenschaft: im arabischen Kalifat. Wissenschaftler sind wie Zugvögel; sie verließen ihre alten Wohnorte und wanderten dorthin, wo eine neue Religion entstanden war – der Islam. Anfangs begünstigte der Islam die Wissenschaften und war an dem Erbe der Antike interessiert. Babylonische, griechische und sogar indische wissenschaftliche Werke wurden ins Arabische übersetzt.
Es gab drei praktische Aufgaben, die der Islam von seinen Anhängern verlangte: die Berechnung des Mondkalenders, der genauen Tageszeit und die jeweilige Festlegung der Richtung nach Mekka. Ohne dies konnten die Muslime ihre Gebete nicht korrekt verrichten. Diese Aufgaben konnte die Mathematik ohne Schwierigkeit bewältigen.

Nach Byzanz um des Wissens willen!
Eine Gesandtschaft machte sich nach Konstantinopel auf, um dort wertvolle griechische Manuskripte zu erlangen.

Antike Wissenschaft ins Arabische übersetzt

Um diese Aufgaben zu lösen, wendeten sich die Gelehrten des Kalifats den Werken ihrer Vorgänger zu. Hunain ibn Ishāq al-Ibadi, ein Arzt und Übersetzer aus Bagdad, beherrschte vier Sprachen und übersetzte Werke von Euklid, Ptolemäus und Archimedes, Platon, Aristoteles sowie ihren Kommentatoren und Nachfolgern ins Arabische.
Man ist versucht zu fragen: „Warum ist Hunain ibn Ishāq al-Ibadi eigentlich so berühmt? Er hat ja antike Werke übersetzt, aber selbst hat er nichts erfunden. Was ist da sein großer Beitrag zur Mathematik?"

Die Frage ist durchaus berechtigt. Aber eins sollten wir beachten: Viele alte Texte hätten nicht bis in unsere Tage überlebt, wenn wir sie nicht durch arabische Übersetzungen kennten. Wer weiß, was die moderne Mathematik erreicht hätte, wenn es nicht die Hartnäckigkeit und das Talent der arabischen Übersetzer gegeben hätte. So ist ihr Beitrag zu unserem Verständnis der Mathematik unbestreitbar.

Der Beitrag der Araber zur Geschichte der Mathematik ist gewaltig. In Bagdad, wo die Gelehrten die Werke antiker Autoren übersetzten, verfassten sie auch ihre eigenen Studien. Und obwohl sie den Autoren früherer Epochen nacheiferten und ihre Errungenschaften nur auf neue Weise umschrieben, trugen auch diese Neufassungen zur Entwicklung der Wissenschaft bei.

Der Chefübersetzer des „Hauses der Weisheit", Hunain ibn Ishāq, wurde für für seine Übersetzungen mit reinem Gold belohnt. Nach der Überlieferung hing das Gewicht des Goldes vom Gewicht der übersetzten Werke ab.

Zu den mittelalterlichen Übersetzern in Europa s. S. 94

Bagdad, mit seiner Sternwarte und seiner Bibliothek, war nicht weit von den Ruinen des alten Babylon gegründet worden.

Al-Chwarizmi mit seinem „Buch über das Zusammenfügen zerbrochener Teile“

Ein gutes Beispiel hierfür ist ein berühmtes Werk aus der Feder von al-Chwarizmi, dem Leiter der Bibliothek von Bagdad. Er beschreibt darin aus der Antike bekannte Probleme und die Methoden zu ihrer Lösung. Mit Leichtigkeit geht er dabei von der sprachlichen Beschreibung der Probleme zu ihrer Darstellung in Zeichnungen über. Außer natürlich bei Aufgaben mit x und y nach dem Vorbild von Diophantos.
Daher wurde später das Wort „Algebra“, für das es keine lateinische Entsprechung gab, aus dem Titel des Hauptwerks von al-Chwarizmi übernommen und ging in viele Sprachen ein, um einen Bereich der mathematischen Wissenschaft zu bezeichnen, der zuvor namenlos war.

Al-Chwarizmi mit seinem „Buch über das indische Rechnen“

Wenn heute jemand Algebra sagt, ist sofort klar, dass es um mathematische Aufgaben mit x und y geht. Al-Chwarizmi hat als Erster das Wort verwendet, um einen Rechenvorgang zu beschreiben, bei dem eine Zahl von einer Seite einer Gleichung zur anderen verschoben wird und dabei ihr Vorzeichen ändert. Diophantos selbst, der sich diesen Trick ausgedacht hat, hatte sich nicht die Mühe gemacht, einen Namen dafür zu notieren.

Al-Chwarizmi lehrte die gesamte arabische Welt das indische Zahlenverständnis.

Doch „Algebra“ ist nicht das einzige Wort, das dank al-Chwarizmi aus dem Arabischen entlehnt worden und in der Weltwissenschaft fest verankert ist. Der Name des Wissenschaftlers selbst wurde in lateinischer Schreibweise zu „Algorithmus“. Mit anderen Worten: ein Kalkül nach den Regeln, die al-Chwarizmi in seinem Buch aufgeschrieben hat.

Zu Fibonacci s. S. 100

Die Leuchte der arabischen Mathematik: Omar Chayyām

Ein islamischer Gelehrter, der viel zur Entwicklung der Mathematik beigetragen hat, war Omar Chayyām. Heute erinnert man sich an ihn meistens als Verfasser von humorvollen Vierzeilern zu den verschiedensten Themen, aber zu seinen Lebzeiten war er vor allem als Mathematiker bekannt.

Zu Tartaglia und Cardano und ihren kubischen Gleichungen s. S. 102

Das kann nicht verwundern. Er war bestens mit Algebra und Geometrie vertraut und versuchte herauszufinden, wie man eine Gleichung löst, deren Unbekannte eine Kubikzahl, also ein Würfel, ist. Dafür benutzte er Kegelschnitte, Parabeln, Hyperbeln und Ellipsen, wie sie mehr als 1000 Jahre vor ihm der griechische Mathematiker Menaichmos entdeckt hatte. Omar Chayyām wollte kubische Gleichungen allein mit Algebra lösen, scheiterte aber daran.

Ich bin in Geheimnisse eingedrungen, jedes Rätsel ist mir bekannt, sei es am Himmel oder auf dem Boden der Erde. 72 Jahre lang habe ich keine Mühen gescheut, und ... ich weiß jetzt, dass ich nichts weiß.

Omar Chayyām war durchaus bewusst, dass es praktische Anwendungen der Mathematik gibt. Zusammen mit anderen Gelehrten arbeitete er an der Erstellung eines genauen Kalenders. Die Aufgabe, vor der sie standen, war schwieriger, als wir vielleicht denken: Jedes neue Jahr musste ganz genau zu einem bestimmten Zeitpunkt beginnen, der Frühlingstagundnachtgleiche. Und das wäre auch ganz einfach gewesen, wenn das Jahr nicht 365 Tage, 5 Stunden, 48 Minuten und 42,5 Sekunden dauerte. Und im Kalender wäre es wünschenswert, wenn man auf Stunden, Minuten und Sekunden verzichten könnte. Sie mussten aufaddiert werden, bis sie im Kalender als ganzer Tag ausgewiesen werden konnten. Die Römer hatten ihr eigenes System erfunden: 365 Tage und ein zusätzlicher „Schalttag" alle vier Jahre. Das war leicht zu merken, aber nicht sehr genau, und deshalb wurde die Abweichung vom astronomischen Kalender immer größer.

Um die angesammelten Verzerrungen zu beseitigen und die Genauigkeit zu verbessern, führten seit dem späten 16. Jahrhundert immer mehr Länder unseren aktuellen gregorianischen Kalender ein. Darin kommt es im Lauf von 400 Jahren 97 Mal zu einem zusätzlichen Schalttag, und die Abweichung vom astronomischen Jahr beträgt nur 27 Sekunden.

Nach dem julianischen Kalender hat das Jahr 365 + $^{1}/_{4}$ Tage, nach dem gregorianischen Kalender 365 + $^{97}/_{400}$ Tage. Aber bei Omar Chayyām 365 + $^{8}/_{33}$ Tage.

Der von Omar Chayyām im 11. Jahrhundert ausgearbeitete Kalender war aber noch genauer als der spätere gregorianische Kalender. Siebenmal hintereinander gibt es hier alle vier Jahre einen Schalttag, dann einmalig einen Schalttag nach fünf Jahren. Dann wurde dieses Schema wiederholt, immer wieder. Das Ergebnis war ein Zyklus von 33 Jahren mit acht Schaltjahren und einem Unterschied zum astronomischen Jahr von nur 20 Sekunden.

In seinem „Buch über die wahre Bedeutung der Parallelen und die bekannten Zweifel daran" versucht Omar Chayyām, das fünfte Postulat von Euklid zu beweisen, indem er es durch eine einfache und leicht nachvollziehbare Aussage ersetzt: Zwei konvergente Geraden müssen sich schneiden.

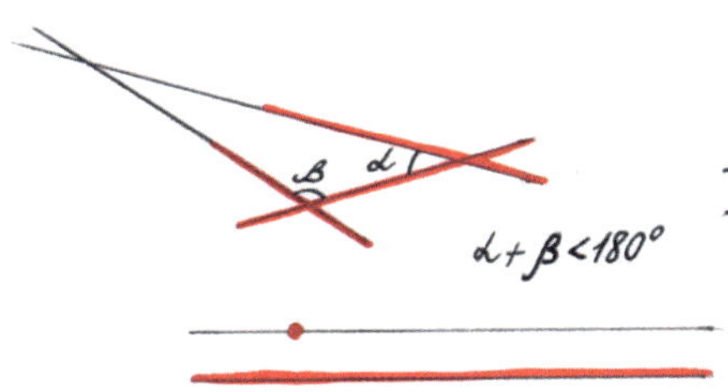

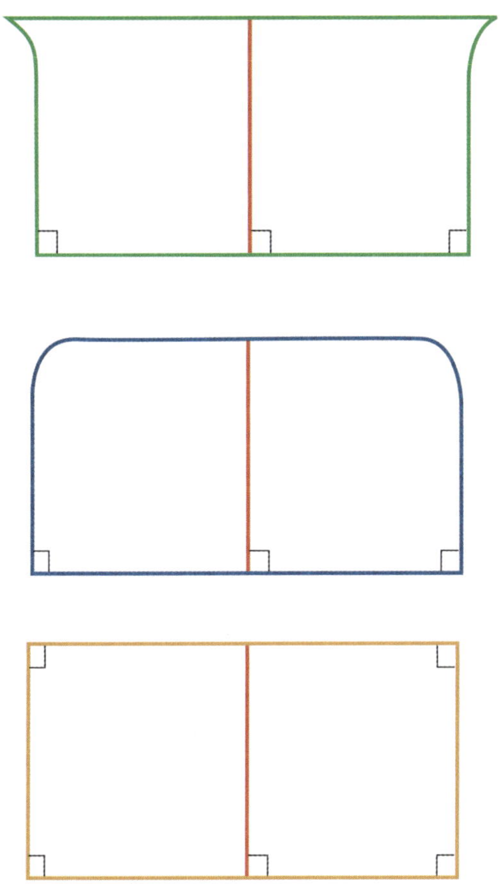

Zum Beweis des fünfte Postulats von Euklid betrachtete Omar Chayyām ein Viereck mit mit zwei rechten Winkeln an seiner Basis und gleichen Seiten. Wenn es möglich wäre zu beweisen, dass die beiden anderen Winkel weder stumpf noch spitz sind, würde dies das fünfte Postulat beweisen.

PHILOSOPHISCHE DEBATTEN: MATHEMATIK IM MITTELALTERLICHEN EUROPA

Europa entdeckt die Wissenschaft wieder

Jetzt sollten wir uns aber wieder mit den Europäern befassen. Im 10. Jahrhundert begannen sie, die Araber in Südeuropa zurückzudrängen, und sie waren überrascht, als sie unter den Büchern, die dabei in ihre Hände fielen, auch Werke antiker Autoren fanden. Allerdings auf Arabisch. So, wie es zuvor die Araber in Bagdad getan hatten, nahmen sie sich nun in Toledo diese Bücher vor und begannen, Aristoteles und Ptolemäus ins Lateinische zu übersetzen.

Das 10. Jahrhundert war für die Europäer eine Zeit des Wandels. Das Christentum hatte sie gelehrt, dass man zuerst Gott im Sinn haben muss, wenn man über das Universum nachdenkt. Schließlich ist er der Schöpfer der Welt, der Natur und des Menschen. Einige Menschen argumentierten nun wie die Priester im alten Babylon, nämlich dass es sich für die Menschen nicht gehört, Gottes Schöpfung allzu genau zu betrachten. Andere dagegen glaubten, dass die Menschen nur durch das Studieren dieser Welt den Schöpfer besser verstehen könnten.

Einer von denen, die so dachten, war ein Mönch namens Gerbert von Aurillac. Er studierte eifrig die Übersetzungen der antiken Autoren und erschreckte seine Zeitgenossen gelegentlich durch ein Wort, das er bei Euklid gelesen hatte. Auf diese Weise versuchte Gerbert, seinen Zuhörern etwas beizubringen, doch bei Wörtern wie „Oktaeder" oder „Parallelepiped" schreckten die zurück. Gerbert blieb jedoch hartnäckig und ging sogar so weit, einen antiken griechischen Abakus zu rekonstruieren, also eine einfache Rechenmaschine, wie sie noch vor kurzer Zeit weit verbreitet gewesen war.

Gerberts Versuch, die arabischen Zahlen und das Dezimalsystem einzuführen, endete in einem Desaster. Die Leute glaubten, der Teufel selbst müsse den Mönch so eine komplizierte Arithmetik gelehrt haben. Kein Wunder, denn mit den üblichen römischen Zahlen war dergleichen nicht möglich. Doch Gerbert ließ sich durch die Unwissenheit der Menschen nicht verunsichern. Er blieb bei seinen Auffassungen, erforschte weiter die Natur und wurde schließlich sogar als Silvester II. Papst.

Im 11. Jahrhundert entstanden in Europa die ersten Universitäten; allerdings stand Wissenschaft, so wie wir sie verstehen, noch nicht auf dem Lehrplan. Zunächst lasen die Professoren mit den Studenten die heiligen Texte und die Werke der antiken Gelehrten. Dann setzten sie sich zusammen, um über die Bücher zu sprechen, aber sie wussten nicht, womit sie anfangen sollten, und das Gespräch stockte. Bis ihnen etwas einfiel, worüber sie streiten konnten.

Zur Londoner Royal Society s. S. 122

Aufmerksame Leserinnen und Leser werden sich daran erinnern, dass nichts die Wissenschaft mehr voranbringt als Debatten. Die wurden im Mittelalter „Disputationen" genannt. Derjenige, der die besten Argumente vorbrachte und die überzeugendsten Beweise für seine These lieferte, war der Sieger. Die Wissenschaft als solche Kunst des Argumentierens wurde Scholastik genannt. Sie war ein lohnendes Unterfangen, doch manchmal waren die Streitenden so sehr in ihrer Auseinandersetzung gefangen, dass sie den Zweck der Debatte vergaßen, nämlich die Suche nach der Wahrheit. Die Disputationen entwickelten sich immer mehr zu einem bloßen Wettstreit der Beredsamkeit. Deshalb hat das Wort „Scholastik" seine positive Bedeutung verloren, und heute wird etwas „scholastisch" genannt, wenn es zu pedantisch oder übertrieben feinsinnig ist.

Zu Kopernikus und seinem Modell des Sonnensystems s. S. 106

Einer der berühmtesten Scholastiker des Mittelalters war Thomas von Aquin, Professor an der Universität von Paris. Er zeigte, dass die heiligen Texte und Aristoteles sich nicht widersprachen, und überzeugte seine Zeitgenossen davon, dass die Gesetze der Natur nicht im Widerspruch zu ihrem göttlichen Ursprung standen, sondern vielmehr die Existenz Gottes bewiesen.

Von Aquin argumentierte ungefähr so: Nach den Gesetzen der Natur muss jede Bewegung von einer äußeren Kraft ausgelöst werden. Deshalb können sich die Naturgesetze nicht selbst erschaffen und in Gang gesetzt haben. Also hat dies eine andere Kraft getan. Und diese Kraft nennen wir Gott. Ein weiterer Beweis geht so: Die Naturgesetze funktionieren stets so, als hätten sie immer ein klares Ziel. Aber die Gesetze haben kein Bewusstsein und können sich selbst kein Ziel setzen. Also muss es eine Kraft geben, die sie zum Ziel führt. Und diese Kraft nennen wir Gott. Und so weiter.

Natürlich kann man diese Art von Beweis kaum als mathematisch überzeugend ansehen, doch da die aristotelische Logik angewandt wurde und theoretische Diskussionen stattfanden, schien es auch um Mathematik zu gehen.

In seinem Buch „Summa Philosophica" versöhnte Professor Thomas von Aquin Wissenschaft und Theologie. Drei Jahrhunderte später formulierte ein anderer Professor, Francis Bacon, neue Herausforderungen für die Wissenschaft.

Die Jahrhunderte vergingen, ohne dass Mathematik eine Rolle spielte – und dennoch lag in der Luft, dass dies bald der Fall sein würde. So beschrieb der englische Philosoph Francis Bacon im 16. Jahrhundert sehr genau, wie die Menschen sich die Natur auf der Erde, am Himmel und unter Wasser nutzbar machen würden. Bacon behauptete, dass alle Phänomene der Natur sich mithilfe von Winkelmaßen und Zahlen darstellen lassen könnten. Anders gesagt: Er schlug vor, die physischen Erscheinungen von Bewegung und Veränderung in der Sprache der Mathematik darzustellen. Damit legte er die Grundlagen zu einem völlig neuen Verständnis von Wissenschaft, wie es in der Zukunft von Newton und vielen anderen ausgearbeitet werden sollte.

Bacon sagte die Erfindung von Wagen voraus, die sich ohne Zugtiere unglaublich schnell bewegen würden, von Geräten, mit deren Hilfe der Vogelflug nachgeahmt werden könnte, von Maschinen zum Heben unvorstellbarer Gewichte und von Unterwasserfahrzeugen.

Zu Galilei und seinen Experimenten s. S. 111

Ideen, die später die Grundlage für neue mathematische Theorien bildeten, tauchten während des gesamten Mittelalters auf, obwohl sie in der Regel nicht von Wissenschaftlern stammten. So trugen zum Beispiel Künstler nicht wenig zur Entwicklung der Mathematik bei.

Ein neuer Blick auf die Mathematik

Die Künstler stellten fest, dass auf einer flachen Leinwand der Raum anderen geometrischen Gesetzen gehorcht als im Alltagsleben. Es ist unmöglich, parallele Linien bis in die Tiefe eines Bildes zu ziehen. Entweder die Linien trafen sich oder das Gemälde hatte keinerlei Tiefe.
Dieses Phänomen wurde Linearperspektive genannt und sollte sich als nützlich erweisen, als die Mathematiker später auf die Idee kamen, nicht nur den vertrauten Raum zu untersuchen, sondern auch einen imaginären.

Zu Lobatschewski und seiner nichteuklidischen Geometrie s. S. 136

Parallele Linien – aber sie treffen sich!

Ein weiteres Geschenk von Künstlern und Architekten an die Mathematiker war die Entdeckung des Goldenen Schnitts. Dabei wird ein Ganzes so aufgeteilt, dass der größere Teil im selben Verhältnis zum Ganzen steht wie der kleinere Teil zum größeren. Im Mittelalter hatten diese Verhältnisse eine mystische Bedeutung, und es hieß, ein harmonisches Kunstwerk könne nur durch die Anwendung des Goldenen Schnitts gelingen. Dabei ist es unmöglich, den Goldenen Schnitt mit Brüchen auszudrücken, denn dieses Verhältnis kann nur durch eine Zahl ausgedrückt werden, die ebenso irrational ist wie die Wurzel aus zwei. So wurde ein besonderes Zeichen für diese Zahl eingeführt: Φ. Damit du dir besser vorstellen kannst, wie ein solches Verhältnis aussieht, kannst du einen fünfzackigen Stern zeichnen. Alle Linien schneiden sich hier im Verhältnis des Goldenen Schnitts.

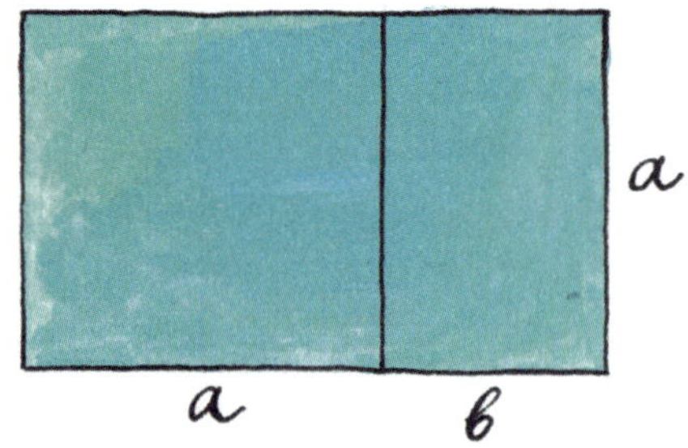

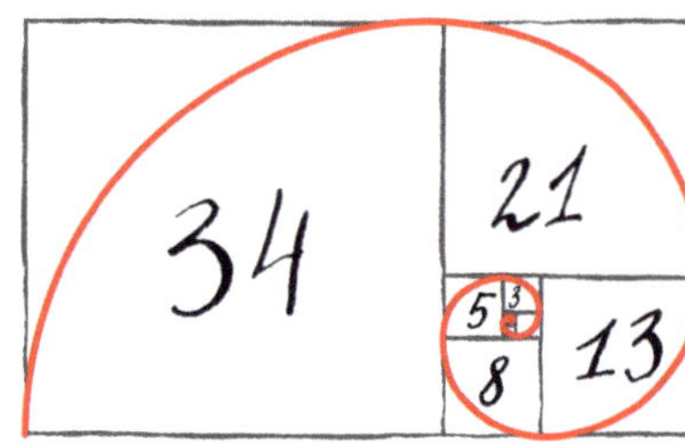

Diese Spirale ist nach den Regeln des Goldenen Schnitts konstruiert; sie weist auch die Fibonacci-Folge auf: Jede der aufeinanderfolgenden Zahlen bezieht sich auf die vorhergehende im Verhältnis des Goldenen Schnitts. Je größer die Zahlen sind, desto genauer ist die Entsprechung.

$$\frac{\text{Blau}}{\text{Grün}} = \frac{\text{Rot}}{\text{Blau}} = \frac{\text{Grün}}{\text{Violett}} = \varphi$$

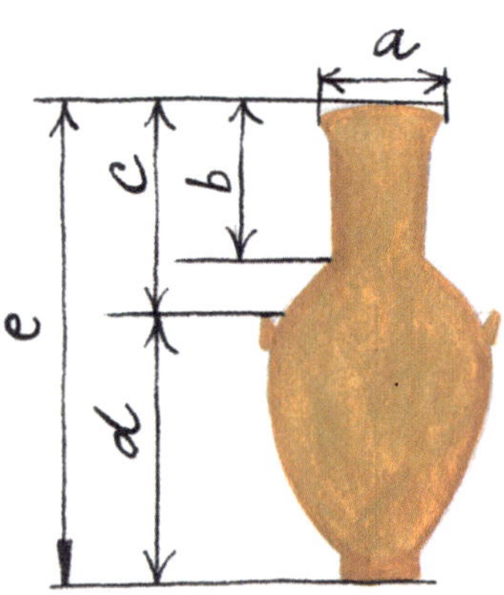

$$\frac{a}{b} = \frac{c}{d} = \frac{d}{e} = \varphi$$

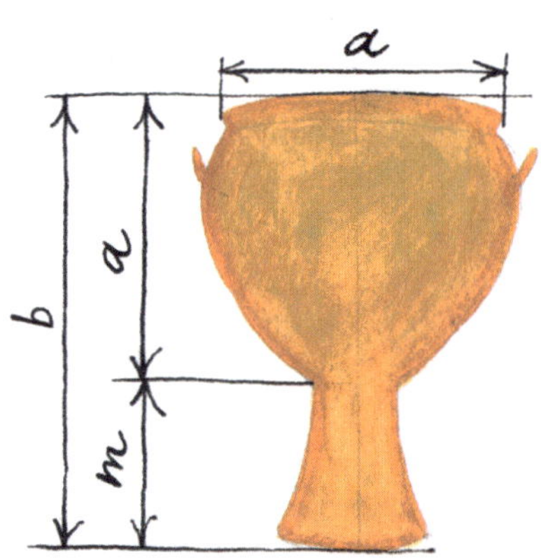

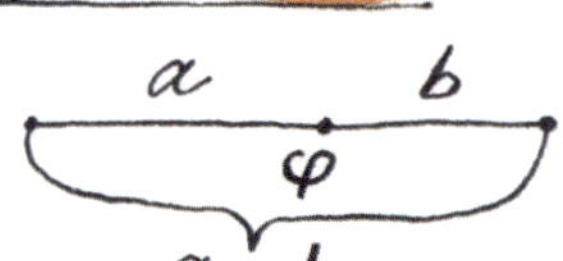

$$(a+b):a = a:b$$

Eine weitere Entdeckung des Mittelalters war das Würfelspiel. Natürlich nicht das Spiel selbst, wohl aber die Tatsache, dass es wie Dreiecke, Quadrate und fünfzackige Sterne analysiert werden kann.

Seit jeher haben sich die Menschen überall in der Welt mit Tischspielen die Zeit vertrieben, aber erst im 16. Jahrhundert hatte der italienische Arzt Girolamo Cardano die Idee, das Würfelspiel unter mathematischen Gesichtspunkten zu betrachten. Wenn man zwei Würfel wirft, stellte er fest, erhält man zusammengenommen weit öfter fünf Augen als drei – egal wie lange man den Becher vorher geschüttelt hat.

Anstatt seine Entdeckung in aller Ruhe zu nutzen und seine Zeitgenossen beim Würfelspiel zu schlagen, wollte Cardano der Sache auf den Grund gehen. Er rechnete aus, dass es beim Wurf von zwei Würfeln genau 36 Kombinationsmöglichkeiten gab. Unter diesen 36 Kombinationen gab es vier Möglichkeiten, auf fünf Augen zu kommen: 1 und 4, 4 und 1, 2 und 3, 3 und 2, während es nur zwei Möglichkeiten gab, drei Augen zu würfeln: 1 und 2, 2 und 1. Wenn du also in einem Spiel mit zwei Würfeln 36 mal würfelst, erhältst du im Durchschnitt vier mal fünf Augen, aber nur zwei mal drei Augen.

Erkenntnis!

Cardano erklärte, warum wir beim Würfeln mit zwei Würfeln öfter eine Fünf erhalten als eine Drei. So gab er spielerisch den Anstoß für Kombinatorik und Wahrscheinlichkeitsrechnung.

Der erste Berufsmathematiker: Fibonacci

Alle Arten von Erfindungen und Wissen gelangten aus den entlegensten Winkeln der Welt nach Europa. Und natürlich hat die Wissenschaft davon profitiert.

Wenn du dieses Kapitel bisher aufmerksam gelesen hast, könntest du den Eindruck gewonnen haben, dass es im Mittelalter in Europa überhaupt keine Berufsmathematiker gab. Und dass es nur Mönche, Philosophen und Ärzte waren, die in ihrer Freizeit Mathematik betrieben. Aber es gab einen echten Berufsmathematiker. Sein Name war Leonardo aus Pisa, und er wurde unter dem Namen Fibonacci berühmt. Als Sohn eines Kaufmanns war Fibonacci seit seiner Kindheit viel gereist, und wo immer er hinging, versuchte er, neue Kenntnisse zu erwerben. So wie Thales von Milet dies vor langer Zeit getan hatte.
Nach einer langen Reise in seine Heimatstadt zurückgekehrt begann Fibonacci aufzuschreiben, was er in Büchern gelernt hatte, um seine Zeitgenossen aufzuklären. Es war der Beginn des 13. Jahrhundert, 200 Jahre nach dem Tod von Papst Silvester II., doch die Europäer verwendeten noch immer die unpraktischen römischen Zahlen.
Fibonacci wollte es aber nicht dabei belassen. In seinem „Buch des Abakus" erklärte er allen einfach und klar, wie man Zahlen mit dem indischen System schreibt und warum das viel bequemer ist.

Im 13. Jahrhundert erwachte bei den Europäern der Appetit nicht nur auf Wissen, sondern auch auf eine andere Vorliebe der alten Griechen – das Reisen. Manche machten sich auf den Weg, um Waren von jenseits des Meers zu beschaffen, andere zog es zum Kriegsdienst in ferne Landen. Aber alle waren von Neugier getrieben ...

Jetzt konnte jeder Kaufmann die Schönheit der Notation nach Stellen nachvollziehen: Die Zahlen werden nacheinander von links nach rechts gelesen, ohne jegliche Trickserei.
Fibonacci beschrieb viele lehrreiche Probleme, die er auf dem ganzen Kontinent gesammelt hatte.
Das berühmteste von allen war das Kaninchenproblem: Du setzt ein Kaninchenpaar in einen Stall, und nach zwei Monaten fangen sie an Junge zu bekommen, und bringen jeden Monat ein Kaninchenpaar zur Welt. Und so weiter. Dabei geht es um zwei Fragen: Wie vermeiden wir, uns von den Bedingungen dieser Aufgabe verwirren zu lassen, und wie viele Kaninchenpaare sind am Ende des Jahres im Stall?

Fibonacci begann zu zählen: ein Paar im ersten Monat, eins im zweiten, zwei im dritten, drei im vierten, fünf im fünften, acht im sechsten, dreizehn im siebten... Da schlug Fibonacci sich selbst auf die Stirn und rief aus: „Das ist doch eine Fibonacci-Folge!" – obwohl er natürlich noch nicht wusste, dass sie so genannt werden würde – schließlich hatte er sie gerade erst entdeckt. Und sie bestand darin, dass jedes Glied der Folge gleich der Summe der beiden vorherigen Glieder war.

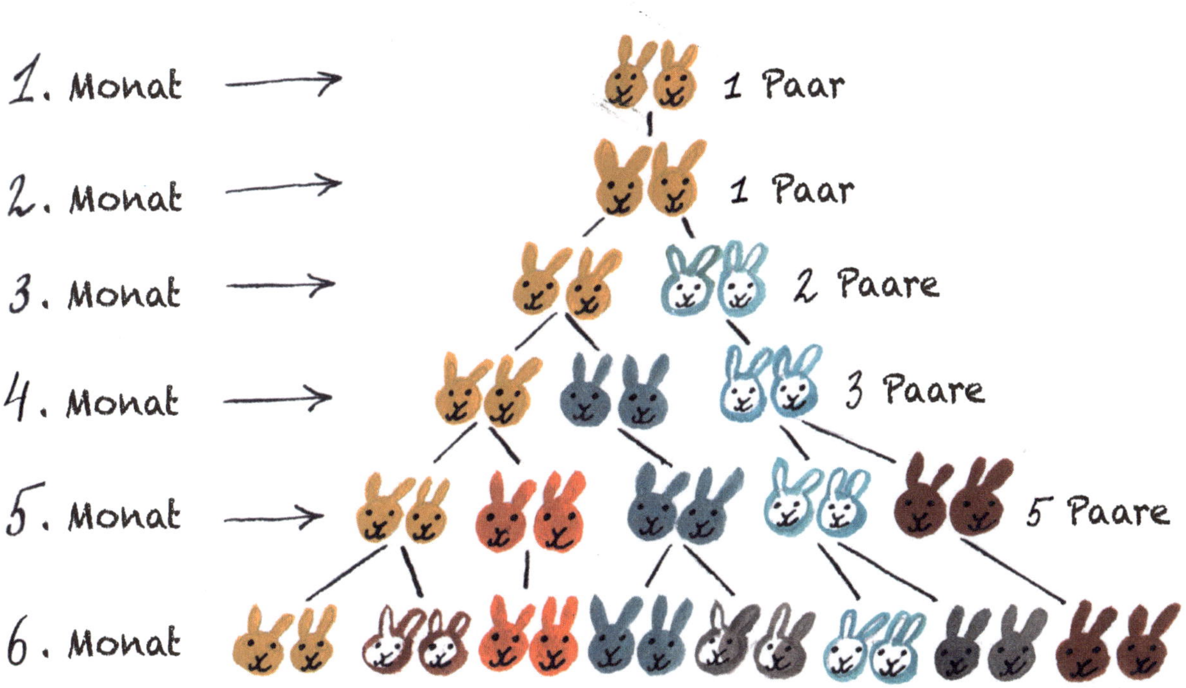

Die Formel für eine kubische Gleichung

Im frühen 16. Jahrhundert, als der Engländer Francis Bacon für die Zukunft große wissenschaftliche Durchbrüche voraussagte, warteten die Italiener Tartaglia und Fiore gar nicht mehr auf die Zukunft, sondern ließen sich auf einen anspruchsvollen mathematischen Zweikampf ein.

Sie mussten jede kubische Gleichung lösen, die ihr Gegner ihnen aufgab. Es ging um dasselbe Problem, das die alten Griechen vergeblich zu lösen versucht hatten, als sie versuchten, einen Würfel zu verdoppeln. Am Ende gewann Tartaglia. Er fand eine allgemeine Methode zur Lösung kubischer Gleichungen und nutzte sie, um jede Knackmandel zu knacken, die ihm aufgegeben wurde.

Ein kolossaler Triumph – die wichtigste mathematische Entdeckung seit den Tagen der alten Griechen: die Formel für die kubische Gleichung.

Aber Tartaglia wusste nicht, wie er mit einem Problem in seiner Formel umgehen sollte: Manchmal ist die Lösung eine ganze Zahl, und sie ist leicht zu finden, aber die Formel enthält die Wurzel aus einer negativen Zahl, und so etwas darf es in der Mathematik eigentlich nicht geben.

Als er von Tartaglias Erfolg hörte, besuchte ihn sogleich Cardano, ein Liebhaber des Würfelspiels. Tartaglia empfing Cardano mit Freude, und nach vielen Fragen verriet er ihm ihm sogar seine Geheimformel. In Versen und unter einer Bedingung: Sie durfte nicht veröffentlicht werden.

Zu Gauß und seinem Theorem s. S. 138

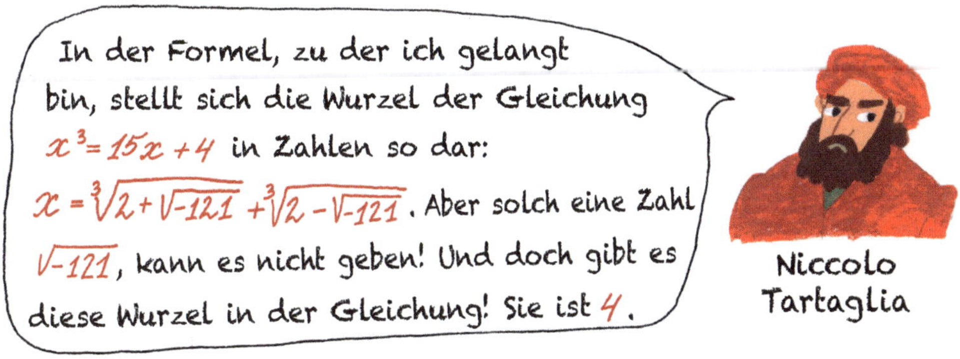

Cardano schrieb zwar auch ein Buch über das Würfelspiel, doch auf die Dauer konnte er es nicht aushalten, die größte mathematische Entdeckung seit den alten Griechen für sich zu behalten. Fünf lange Jahre lang hielt sich Cardano an sein Versprechen und hielt die Formel geheim. Während dieser Zeit verfeinerte er die Methode und schaffte es, nicht nur kubische Gleichungen, sondern noch komplexere Gleichungen vierten Grades zu lösen. Um dies zu tun, erfand er eine neue Art von Zahlen – die imaginären Zahlen. Wenn man eine solche imaginäre Zahl mit sich selbst multipliziert, erhält man eine negative Zahl. Imaginär wird so eine Zahl genannt, weil es sie eigentlich gar nicht geben kann. Weil absolut jede Zahl, wenn sie mit sich selbst multipliziert wird, eine positive Zahl ergibt.
Vielleicht gibt es sie wirklich nicht, und auch Cardano selbst glaubte nicht, dass es sie wirklich gibt; doch wenn mit ihrer Hilfe Gleichungen gelöst werden können, warum sollte man sie dann nicht nutzen, argumentierte Cardano. Zu diesem Zeitpunkt konnte er sich nicht mehr zurückhalten und veröffentlichte Tartaglias Entdeckung und dabei auch seine eigenen Verbesserungen. Seitdem wird die Formel zur Lösung kubischer Gleichungen Cardano-Formel genannt. Den ganzen Ruhm bekam er ab!

Cardano hatte die Idee, imaginäre Zahlen nach den üblichen Regeln zu addieren und zu subtrahieren, sie zu multiplizieren und zu dividieren, als wären sie echte Zahlen.

Zu Euler und seiner erstaunlichen Formel s. S. 126

Hier ein Beispiel, wie Cardano mit imaginären Zahlen, so als wären das ganz gewöhnliche, die Aufgabe löst, wie man 10 so aufteilt, dass das Produkt dieser Teile 40 ist. Das ist natürlich unmöglich.

Aber wir machen Folgendes: Wir halbieren 10 und erhalten 5. Wir multiplizieren dann die 5 mit sich selbst und erhalten 25. Eine höhere Zahl kann man nicht erhalten, wenn man 10 teilt und die Teilzahlen miteinander multipliziert. Von 25 ziehen wir ab, was wir hätten bekommen sollen (40), um zu sehen, wie weit das gewünschte Ergebnis von unseren unserem (25) abweicht:

$25 - 40 = -15$.

Und jetzt kommt der Zaubertrick: Wir addieren $\sqrt{-15}$ zu 5 und subtrahieren davon $\sqrt{-15}$ von 5. Wir erhalten zwei Zahlen. Wenn wir sie nach den Regeln der Arithmetik miteinander multiplizieren, ergibt das 40, und wenn wir sie addieren, erhalten wir 10:

$$(5 + \sqrt{-15}) + (5 - (\sqrt{-15}) = 10$$

$$(5 + \sqrt{-15}) \times (5 - (\sqrt{-15}) = 40$$

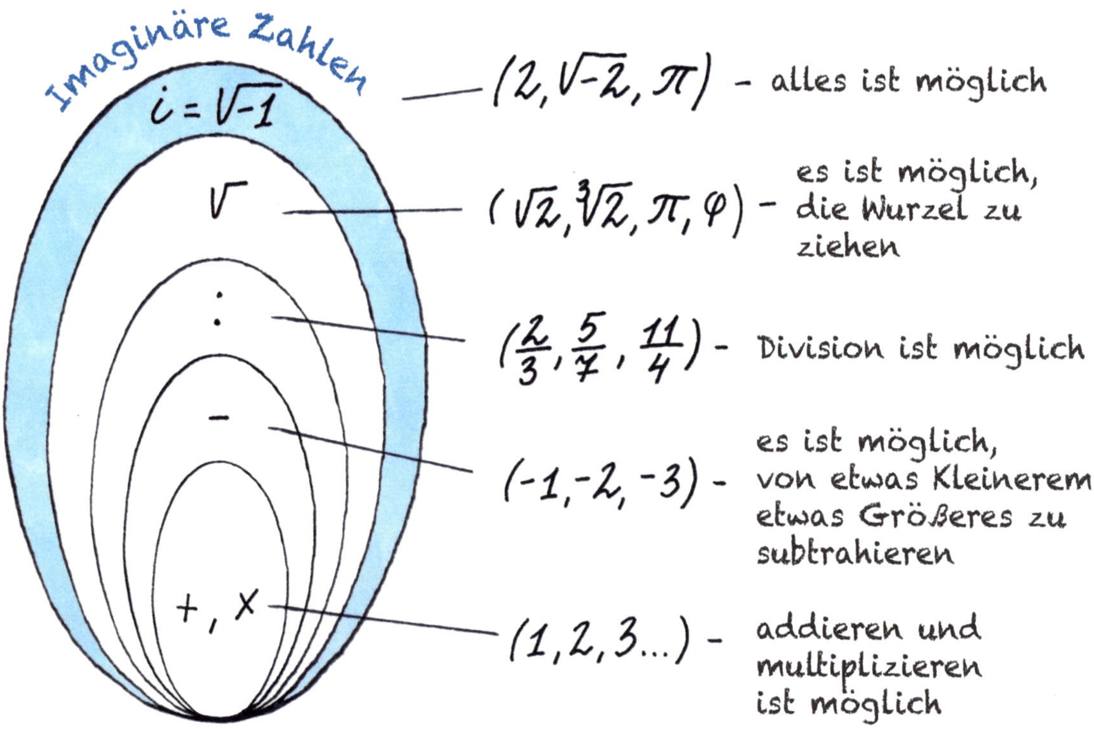

7. Jh. v. Chr. – 4. Jh. n. Chr.
Griechenland

Beweis, dass $\sqrt{2}$ nicht als Bruch ausgedrückt werden kann

Überlegung, was $\sqrt{2}$ für eine Zahl ist

Diophantos und seine Regeln zum Lösen von Gleichungen

Die Sätze und Axiome Euklids

ales und der ste Beweis

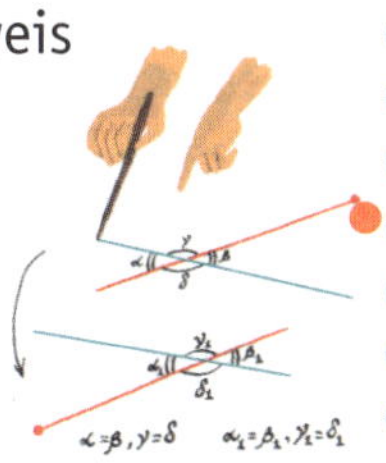

e Logik des istoteles

chimedes und das lumen der Kugel

9.–16. Jh.
Der Osten im Mittelalter

Negative Zahlen in China

Null in Indien

Al-Chwarizmi und seine Algebra

Omar Chayyām vereinigt die Algebra mit der Geometrie

Omar Chayyām versucht, das fünfte Postulat zu beweisen

Rechnen mit unendlichen Reihen in Indien

Europäisches Mittelalter

Goldener Schnitt und die Zahl φ

Imaginäre Zahlen

Tartaglia und Cardano: Die Formel für kubische Gleichungen

Gesetze der Perspektive

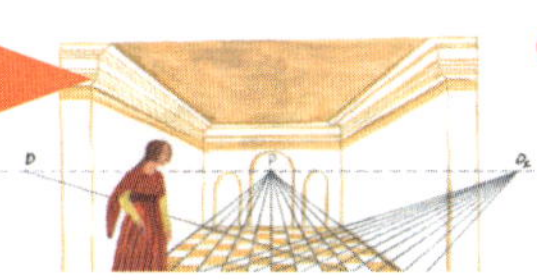

Thomas von Aquin und seine Summa Philosophiae

Zu Euler und seiner Formel

$$e^{i\pi}+1=0$$

Zu Gauß und den komplexen Zahlen

Zu Gauß und seinem Fundamentalsatz der Algebra

Zu Descartes und seinem Koordinatensystem

Zu Lobatschewski und der nichteuklidischen Geometrie

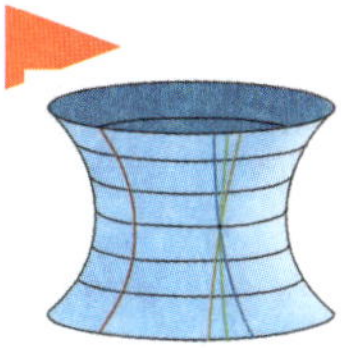

Zu Leibniz und der Universalsprache der Wissenschaft

Zu Newton und der Momentangeschwindigkeit

NEUZEIT: GROSSE ENTDECKUNGEN

Das ptolemäische System wird umgedreht

Das 17. Jh. brachte für die Menschen völlig neue Herausforderungen in fast allen Wissensbereichen. Im Kriegswesen war es nötig, die Flugbahn von Geschossen zu berechnen. Im Schiffbau musste man den Tiefgang eines Schiffs berechnen. Und was soll man erst über die neuartige Mechanik sagen, die von der großen Dampfmaschine bis zur kleinsten Uhr stets besondere Berechnungen erfordert, ohne die diese Maschinen nicht genau und effizient arbeiten könnten? Diese schwere Last vermochten die alten griechischen Mathematiker kaum zu schultern.

Der Erste, der die Notwendigkeit erkannte, dass die Mathematik erneuert werden musste, war der polnische Astronom Nikolaus Kopernikus. Er verschwendete keine Zeit, griff das Konzept des Sternenhimmels auf, wie es Ptolemäus 15 Jahrhunderte zuvor formuliert hatte, und entstaubte es. Der Clown jonglierte immer noch mit seinen Keulen, die mathematischen Prinzipien galten noch, doch mit der Erde auf der Höhe seines Nabels stimmte etwas nicht.

Es wäre viel logischer anzunehmen, dass nicht die Erde der Nabel des Weltalls ist, sondern die Sonne. Sie steht unbeweglich im Himmel, und die Erde dreht sich um sie. Und der Mond umkreist die Erde. Genau diese Umstellung nahm Kopernikus vor: Das geozentrische Modell war heliozentrisch geworden.

Das neue Modell des Sternenhimmels war sehr viel näher an der Wahrheit und klarer und einfacher als das alte. Doch es warf auch einige Fragen auf. Wenn die Fixsterne auf einer Kugel mit der Sonne im Zentrum befestigt sind, dann müssten sie von der Erde aus betrachtet zu verschiedenen Zeiten unterschiedlich erscheinen: größer und heller (wenn die Erde sich ihnen nähert) und dann kleiner und blasser (wenn sich die Erde von ihnen entfernt). Aber nichts dergleichen geschah.

Der Verdacht war, dass die Sterne sehr, sehr, sehr, sehr weit von der Erde entfernt oder sogar unterschiedlich weit von ihr entfernt sind und es gar keine unterschiedlichen kugelförmigen Himmelsschalen (Sphären) gibt – die Keulen wirbeln ganz von allein auf ihren kreisförmigen himmlischen Clownsbahnen.

Die Erde dreht sich um die Sonne!

Nikolaus Kopernikus

Kopernikus ahnte, dass große Veränderungen in der Mathematik bevorstanden. „Mein Ziel ist es zu zeigen, dass die Himmelsmaschine kein göttliches Wesen ist, sondern eher ein Uhrwerk."

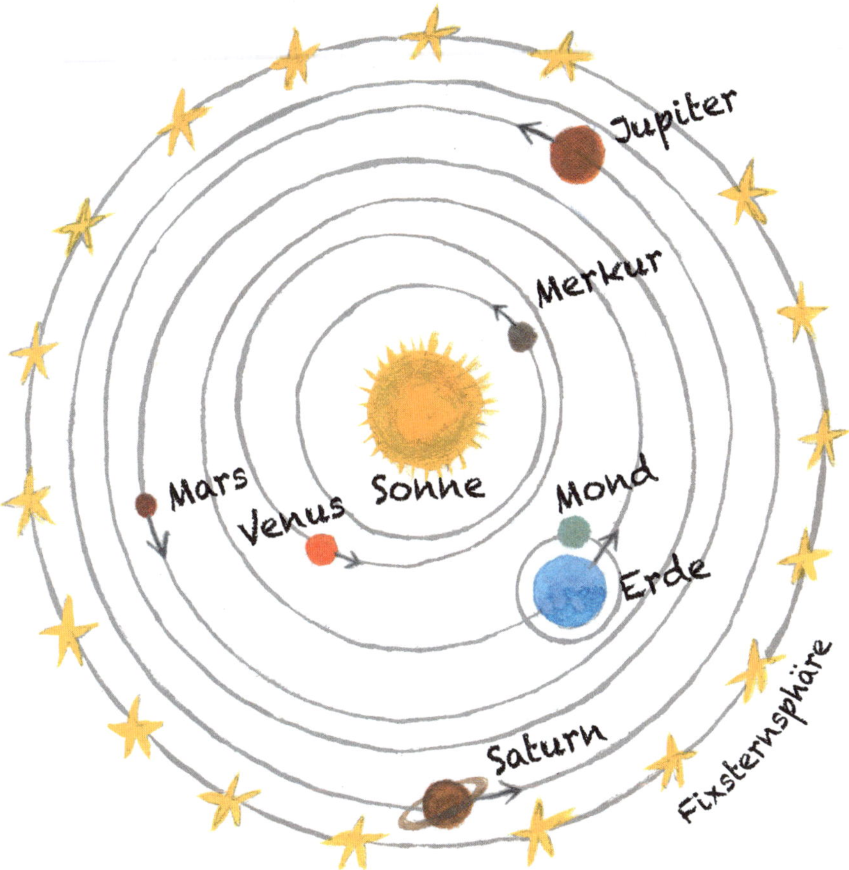

Das heliozentrische System des Kopernikus

Eine andere Vermutung war sogar noch erschreckender: Wenn der Mond sich um die Erde dreht und die Planeten um die Sonne – heißt das etwa, dass es gar kein alleiniges Zentrum des Universums gibt? Trotz dieser beängstigenden Veränderung des Weltbilds wurde dieses neue Modell von den fortschrittlichsten Köpfen der Welt übernommen, und besonders Kepler und Galilei liebten es. Beide nahmen sich vor, die Theorie von Kopernikus zu beweisen, aber jeder von ihnen machte das auf seine eigene Weise.

Die Gesetze der Planetenbewegung

Johannes Kepler war ein klassischer Mathematiker nach dem Vorbild der griechischen Antike. Er folgte Pythagoras auf seiner Suche nach der Harmonie der Zahlen, versuchte, in den Bahnen der Planeten exakte geometrische Figuren zu entdecken und zu verstehen, wie die Geschwindigkeit der Planeten auf ihren Umlaufbahnen mit ihrer Entfernung von der Sonne zusammenhängt.

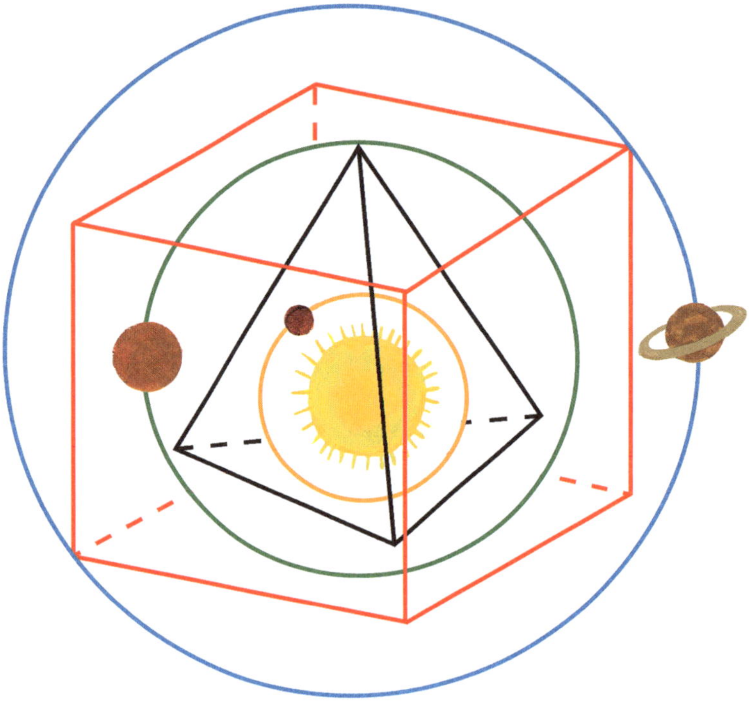

Johannes Kepler

In die Umlaufbahn des Saturn ist ein Würfel eingeschrieben, darin die Umlaufbahn des Jupiter, in diese ein Tetraeder, in das die Umlaufbahn des Mars eingeschrieben ist. Darin wiederum ist ein Dodekaeder eingeschrieben, in dem die Umlaufbahn der Erde eingeschrieben ist. In der wiederum ist ein Ikasoeder eingeschrieben, in dem die Umlaufbahn der Venus Platz hat. Darin wiederum befindet sich die Umlaufbahn des Merkur.
Das ist es, das Geheimnis des Universums!

Eines Tages, als er nach seiner mathematischen Gewohnheit Dreiecke und Kreise zeichnete, bemerkte Kepler: Wenn man in eine Kugel einen Würfel einzeichnet und in den Würfel wieder eine Kugel, dann entsprechen beide Kugeln genau den Kugeln, auf denen die Umlaufbahnen von Saturn und Jupiter verlaufen.

„Und da der Würfel eines der fünf perfekten Polyeder ist und es sechs bekannte Planeten gibt …“, sinnierte Kepler, „dann könnte vielleicht zwischen jeder benachbarten Planetenbahn ein perfektes Polyeder platziert werden.“ Und in derselben Sekunde erschien vor Keplers geistigem Auge ein mystischer Kelch, der das Geheimnis des Universums enthüllt.

Die Geschichte sagt nichts darüber aus, ob Kepler „Heureka!“ gerufen hat wie seine antiken griechischen Vorgänger; gesichert ist jedoch, dass er seine Entdeckung in einem Buch publik machte, das er bescheiden „Das Geheimnis der Schöpfung“ betitelte.

Es überrascht nicht, dass ein so vielversprechender Titel viele Leser anzog, darunter auch den Astronomen Tycho Brahe.

Kepler entdeckte die Gesetze der Planetenbewegung.

Er las das Buch sorgfältig, und obwohl er selbst der Meinung war, dass sich die Sonne, der Mond und die Sterne um die Erde drehen und nur die Planeten und Kometen um die Sonne, schätzte er Keplers scharfen Verstand und zögerte keinen Augenblick, seinen Kollegen nach Prag einzuladen, in der Hoffnung, dass sie zusammenarbeiten könnten.

Ein solches Angebot konnte Kepler nicht ablehnen, denn Tycho Brahe hatte 20 Jahre lang die größte Sternwarte in Europa gleitet. Dort hatte er ein vollständiges Dossier über alle nahegelegenen Himmelskörper angelegt und war nun bereit, dieses wertvolle Wissen mit anderen zu teilen. Das allein wäre schon genug gewesen, um Kepler herbeizulocken, aber es war die katholische Kirche, die dazu beitrug. Sie hatte Kepler auf eine Liste von Ketzern gesetzt, woraufhin er gezwungen war, seinen Wohnort überstürzt zu verlassen.

In Prag erhielt Kepler den Auftrag, die Umlaufbahn des Mars zu untersuchen. Tycho Brahe mochte den roten Planeten nicht – sein Verhalten passte nicht in ein Weltbild vollkommener Kreise, weil seine Umlaufbahn von allen die länglichste war. Kepler übertrug die Koordinaten der Sternwarte akribisch auf Papier, bis sich ein vollständiges Bild ergab. Und überraschenderweise fand er statt des erwarteten Kreises eine etwas andere geometrische Figur, die Kepler sofort als Ellipse erkannte.

Kepler wollte gar nicht glauben, dass seine antiken Vorgänger die Umlaufbahnen der Planeten fälschlich als Kreise betrachtet hatten, wo die alten Griechen die Ellipse doch sehr gut gekannt hatten – als einen Kegelschnitt. Es war also nicht verwunderlich, dass gerade diese Figur der Geometrie des Sternenhimmels zugrunde liegt.

Aber nur Geometrie? Keplers Arbeit beruhte ja nicht mehr auf abstrakten Hypothesen über die Struktur des Universums, sondern auf empirischen Daten. Die Astronomie war wieder, was sie ursprünglich gewesen war: Zum ersten Mal seit Aristoteles war sie keine „Himmelsgeometrie“ mehr, sondern wurde zu „Himmelsphysik“.

Zu Newton und seinen „Gesetzen“ s. S. 115

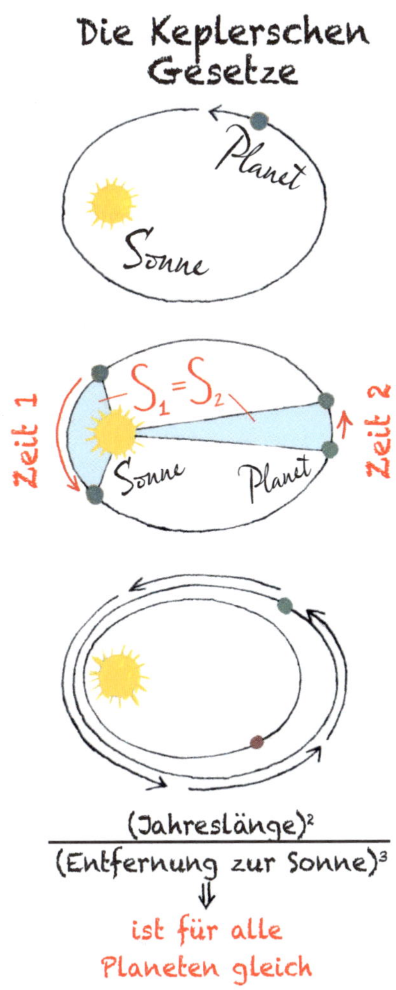

Ein zufriedener Kepler feierte seine Entdeckungen, nämlich die dreier kosmischer Gesetze. Im ersten stellte er fest, dass alle Planeten sich auf Ellipsenbahnen bewegen. Das zweite Gesetz war eine allgemeingültige Formel, aus der hervorging, dass ein Planet auf seiner elliptischen Bahn umso schneller wird, je näher er der Sonne kommt, und umso langsamer, je weiter er sich von ihr entfernt. Das dritte Gesetz besagte, dass die Planeten, die weiter von der Sonne entfernt sind, eine längere Umlaufzeit benötigen als die, die ihr näher sind.

Tycho Brahe

Der Bau der Sternwarte dauerte vier Jahre, aber Tycho Brahe wartete nicht, bis die Arbeiter den letzten Ziegelstein gesetzt hatten, sondern entdeckte schon im zweiten Jahr auf seiner Insel einen weiteren hellen Fleck am Himmel.

Im Alter von 26 Jahren sah Tycho Brahe einen neuen hellen Punkt am Himmel. Zu dieser Zeit flogen weder Flugzeuge noch internationale Raumstationen über die Erde, und so hielten einige Wissenschaftler den Punkt für einen Kometen. Aber Tycho Brahe, der den Punkt schon seit einiger Zeit beobachtet hatte, konnte beweisen, dass es kein Komet war, sondern wirklich ein neuer Stern. Er schrieb ein Buch und hielt eine Reihe von Vorträgen darüber. Dafür wollte der dänische König Tycho Brahe seine Tochter zur Frau geben und ihm das halbe Königreich überlassen; dann änderte er aber seine Meinung und schenkte ihm nur eine kleine Insel und Geld für eine Sternwarte – eben die, wo er 20 Jahre damit verbrachte, möglichst viele Daten über den erdnächsten Planeten zu sammeln.

Der zweite helle Fleck, den Tycho Brahe entdeckte, war tatsächlich ein Komet, aber das dämpfte Brahes Neugierde nicht. Er beobachtete den Kometen genau und entdeckte bald, dass er ohne Weiteres die Planetenbahnen kreuzte, so als gäbe es keine himmlischen Sphären, also Kugelschalen, an denen die Himmelskörper befestigt sind.
Für die Wissenschaftler dieser Zeit, denen die Theorie der Himmelssphären als unerschütterlich galt und für die Kometen nur eine seltsame Naturerscheinung waren, bedeutete dies eine regelrechte Offenbarung.

Galilei: Experimente und Beobachtungen

Galilei schätzte die kopernikanische Theorie nicht weniger als Kepler, auch wenn er ein ganz anderer Typ als dieser war. Galileo Galilei war eher ein praktischer Physiker als ein theoretischer Mathematiker. Er zog stets sein Teleskop den Arbeiten der antiken Mathematiker vor. Es wäre ihm nicht in den Sinn gekommen, sich auf die Beobachtungen anderer Leute zu verlassen, wenn er sich selbst überzeugen konnte. Galilei hat also gerne beobachtet, und er hat es oft getan. Bei der Beobachtung des Mondes fiel ihm auf, dass es dort Berge gab, und er kam zu dem Schluss, dass er die gleiche Natur wie die Erde hatte.

Galileo Galilei

Die Inquisition verbot Galilei, öffentlich für die „gefährlichen" Lehren von Kopernikus einzutreten.

Durch die Beobachtung der Jupitersatelliten fand er den Beweis, dass sich nicht alle Himmelskörper um die Erde drehen. Auch stellte er fest, dass viele Sterne nur durch das Teleskop zu sehen waren, und weil das Teleskop erst kürzlich erfunden worden war, äußerte Galilei die Vermutung, dass die Sterne nicht dafür existierten, dass die Menschen sie nachts bewundern oder zur Orientierung nutzen. Und wozu es sie genau gab, war nicht zu verstehen.

Als er gegen Ende seines Lebens unter Hausarrest stand, schrieb Galilei sein wichtigstes Buch, in dem es über die Wechselbeziehung zwischen Mathematik und Physik geht: „Das Buch der Natur ist in der Sprache der Mathematik geschrieben, und deren Buchstaben sind Dreiecke, Kreise und andere geometrische Figuren."

Galilei beobachtete so gerne, dass er dies auch tat, wenn er sein geliebtes Teleskop nicht zur Hand hatte. An solchen Tagen interessierte er sich vor allem für sich bewegende Objekte. Dabei entdeckte er zum Beispiel, dass die Flugbahn von Kanonenkugeln Parabeln waren (also einem der altbekannten Kegelschnitte folgten). Wenn einmal keine Kanonenkugeln in der Nähe flogen und sich nirgendwo etwas bewegte, zögerte Galilei nicht, alle möglichen Objekte selbst in Bewegung zu setzen. So warf er zum Beispiel kleine Steine vom Schiefen Turm von Pisa, bis er herausfand, dass die Beschleunigung beim freien Fall – anders als Aristoteles behauptet hatte – völlig unabhängig von der Masse des fallenden Objekts ist: Wenn man den Luftwiderstand beiseitelässt, fallen schwere und leichte Objekte mit derselben Geschwindigkeit.

Im Laufe seines langen Lebens machte Galilei viele verschiedene Beobachtungen, aber seine wichtigste Entdeckung war eine neue Form der wissenschaftlichen Arbeit. Es war nun klar, dass echte Wissenschaftler Experimente durchführen und diese beobachten.

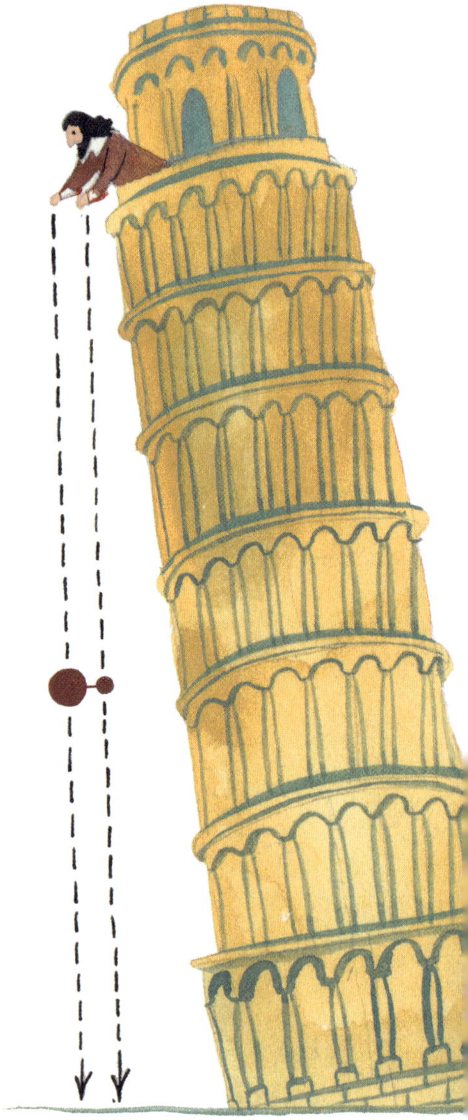

Newton löst Widersprüche auf

Im 17. Jahrhundert hatten die Wissenschaftler aufgehört, ihre Entdeckungen geheim zu halten. Niemand kam mehr auf die Idee, einen Kollegen nach seiner neuen Formel zu fragen. Und erst recht hatte niemand im Sinn, einem Kollegen einen unerwarteten Besuch abzustatten. Warum sollten sie auch, da es jetzt doch die Post gab? Aus gutem Grund organisierte der französische Mathematiker Marin Mersenne ein Korrespondentennetz, an dem alle führenden Wissenschaftler Europas teilnahmen. Sobald einer von ihnen eine Entdeckung machte, waren alle anderen informiert und konnten sofort beginnen, darüber zu streiten.

Galileis Formel für die Beschleunigung beim freien Fall: Der Weg, den ein Körper im freien Fall zurücklegt, ist gleich dem Quadrat der Zeit multipliziert mit 9,8 geteilt durch 2.

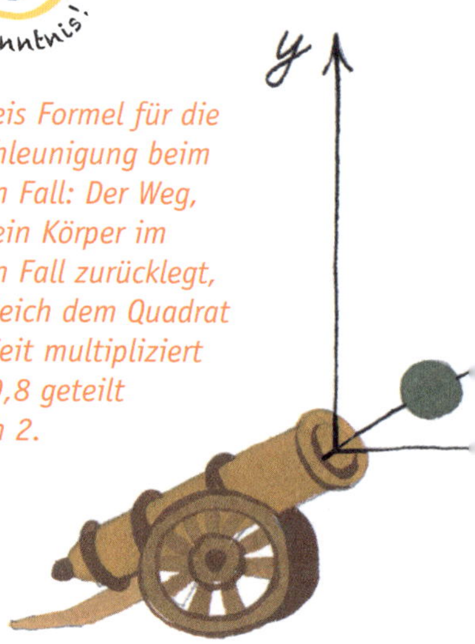

Man möchte denken, dass in einem solch günstigen Umfeld die Wissenschaft einen gewaltigen Sprung nach vorn machen musste und die ganze Welt so klar und durchschaubar würde, wie zwei und zwei vier ist. Aber das geschah nicht, trotz der unermüdlichen Arbeit von Kepler und Galilei. Die Wissenschaftler konnten sich bei einer der Schlüsselfragen nicht einigen.

Kepler hörte nie auf, darauf zu bestehen, dass die Planeten sich auf elliptischen Bahnen bewegen und dass die Ursache für ihre Bewegung in geheimnisvollen magnetischen Kräften der Sonne liegt. Galilei wischte diese Worte beiseite und argumentierte, dass sich die Planeten im Kreis bewegen, angetrieben von ihrer ganz gewöhnlichen Trägheit.
Noch schlimmer wurde es, als René Descartes unverblümt behauptete, dass sich die Himmelskörper weder auf elliptischen noch auf Kreisbahnen bewegen, sondern in einer geraden Linie. Es sei nur so, dass kosmische Wirbel ihre Bahn verändern.
Diese heikle Situation schrie geradezu nach einem Genie, das auf einen Schlag alle verfügbaren Informationen zu einer universellen Lösung zusammenfügte und ein neues physikalisches Gesetz entdeckte. Oder besser drei!

Und genau dieses Genie war Isaac Newton, aber er hatte es nicht eilig, seine Mission zu erfüllen. Schon beim Studium in Cambridge hatte er die Gelegenheit, die Arbeiten Keplers und Galileis kennenzulernen, doch er war genauso an Fragen der Optik, der Theologie und sogar der Alchemie interessiert. Er verbrachte viel Zeit damit, ebenso wie mit der Mathematik. Und so ging es weiter, bis im Jahr 1665 eine Pestepidemie in England ausbrach.

Zum Pariser mathematischen Kongress s. S. 148

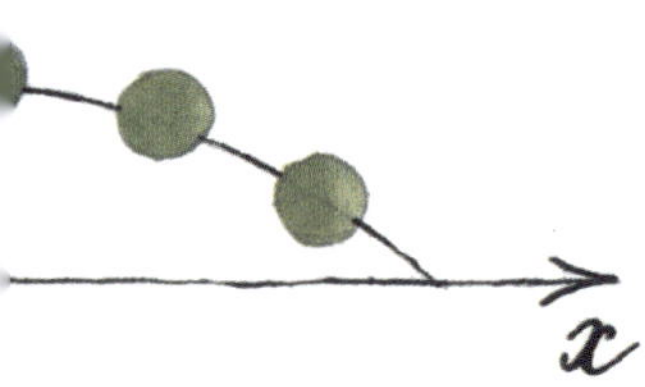

Zwei Jahre lang war Cambridge geschlossen, und Newton war gezwungen, sich auf den Weg zu seinem Heimatgut zu machen, wo ein schicksalhafter Apfelbaum auf ihn wartete. Es heißt, der Apfel fiel Newton auf den Kopf, aber es ist wahrscheinlicher, dass er neben ihn gefallen ist. Wie auch immer: Dies war der Moment, in dem der 24-jährige Wissenschaftler das Gravitationsgesetz entdeckte.

Mit anderen Worten, es kam ihm in den Sinn, dass ein Apfel, der auf der Erde auf den Boden fällt, sich genau so verhält wie der Mond, der die Erde umkreist. Nur dass der Apfel stärker von der Erde angezogen wird als der Mond, einfach weil er 60-mal näher am Erdmittelpunkt ist.

Um das Gravitationsgesetz überzeugender zu machen, beschloss Newton, es mit Zahlen zu belegen, weil das mehr Vertrauen erweckt. Newton verglich die Beschleunigung des Mondes mit der Beschleunigung eines Apfels, und rechnete aus, dass die Beschleunigung des Apfels 3600-mal größer war. 3600-mal also – und 3600 ist eine interessante Zahl. Newton erkannte sofort, dass diese Zahl das Quadrat der Differenz zwischen dem Abstand des Erdmittelpunkts zum Apfel und dem Abstand des Erdmittelpunkts zum Mond war, nämlich 60 Erdradien.

Wenn du einen Apfel mit riesiger Geschwindigkeit in den Weltraum wirfst, wird er auch mit riesiger Geschwindigkeit auf einer elliptischen Umlaufbahn weiterfliegen und niemals fallen. Das besagen die Keplerschen Gesetze, und vor dem Gesetz sind alle gleich, egal ob es sich um einen großen Planeten oder einen kleinen Apfel handelt.

Der Mond ist 60-mal weiter entfernt und seine Beschleunigung ist 3600-mal geringer. Das ist zweifellos kein Zufall.
Newton erkannte, dass die durch die Schwerkraft verursachte Beschleunigung umgekehrt proportional ist zum Quadrat der Entfernung zwischen Körpern, die sich gegenseitig anziehen.

Newton legte seine Schlussfolgerungen in seinem Buch „Mathematische Prinzipien der Naturphilosophie“ dar. Der Titel des Buchs und seine Struktur lehnten sich an Euklids berühmte „Elemente“ an, sodass auch diejenigen, die zu faul zum Lesen waren und es nur durchblätterten, sofort verstanden, dass die alte Mathematik durch eine neue Mathematik ersetzt worden war. Und Newton war prägnanter: Im Gegensatz zu seinem antiken Vorgänger schrieb er nur drei statt 13 Bände.

Im ersten Teil des Buches wurden grundlegende Begriffe wie Masse und Kraft definiert. Dann formulierte Newton seine drei Gesetze der Mechanik, und von diesen ging er zur Hauptsache über – der Gravitation oder Schwerkraft. Woher die Schwerkraft kommt, wusste Newton nicht; er dachte, sie käme von Gott. Aber das hielt ihn nicht davon ab, das Theorem zu beweisen, dass alle Körper, die der Schwerkraft ausgesetzt sind, sich auf elliptischen Bahnen bewegen.

Und dann bewies Newton vorsichtshalber auch noch das umgekehrte Theorem, nämlich dass alle Körper, die sich wie die Planeten auf elliptischen Bahnen bewegen, der Schwerkraft unterliegen.
Damit wollte Newton eigentlich aufhören, aber er konnte sich nicht zurückhalten, auch noch darüber zu schreiben, wie sich Gegenstände im Wasser verhalten.

Das Gesetz der Schwerkraft: Alle Gegenstände ziehen sich gegenseitig an. Und je näher sie einander sind, desto größer ist die Anziehung.

Zu Lomonossow und seinen „Elementen einer mathematischen Chemie“ s. S. 132

Zu Einstein und seiner Erklärung der Schwerkraft s. S. 142

Die Newtonschen Gesetze

1. Gesetz

Jeder Körper ist in Ruhe oder in gleichmäßiger geradliniger Bewegung, solange keine Kräfte auf ihn einwirken.

2. Gesetz

Je größer die aufgebrachte Kraft, desto größer die Beschleunigung. Und sie geschieht nach der Richtung, nach welcher die Kraft wirkt.

3. Gesetz

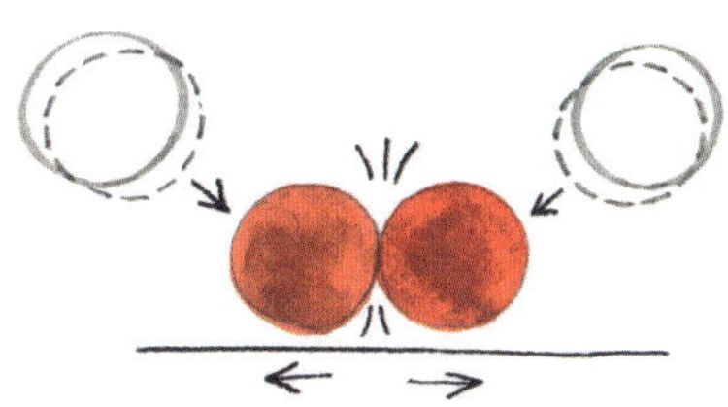

Die Wirkung einer Kraft ist immer gleich der entgegengesetzten Kraftwirkung.

Geometrische Figuren und die entsprechenden Gleichungen

Pierre de Fermat

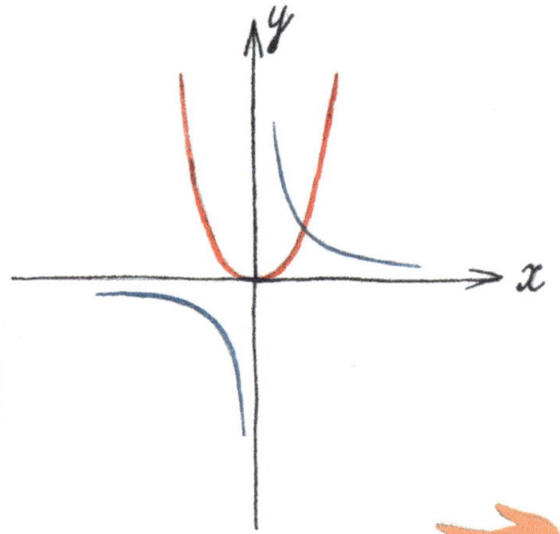

René Descartes

Dennoch blieb das Verhalten der Himmelskörper nicht die einzige Frage, die die Wissenschaft im 17. Jahrhundert beschäftigte. Zum Beispiel fragte sich Pierre de Fermat, ein Mathematiker und Kenner der Antike, nach der Lektüre von Apollonios, wie man Algebra und Geometrie verbinden könnte. Wenn wir einen Abschnitt einer solchen Figur mit Zahlen beschreiben könnten, bedeutete dies, dass wir auch komplexere Formen als Formeln von Zahlen und Buchstaben ausdrücken können. In diesem Sinne fand er Gleichungen für Geraden, Kreise und Kegelschnitte. Durch die Vermittlung von Marin Mersenne teilte er seine Arbeiten dem Enthusiasten kosmischer Wirbel, René Descartes, mit, und der reagierte sofort.

Zu Gauß und der inneren Geometrie von Oberflächen s. S. 138

Descartes war eigentlich Philosoph, und sein größtes Anliegen war die Frage nach der Methode. Descartes wollte eine universelle Methode entwickeln, die es ermöglichen würde, eine Entdeckung nach der anderen zu machen. Vorzugsweise großartige Entdeckungen. Nachdem er also Fermats Werk gelesen hatte, fragte er sich, wie man jede geometrische Linie ein für alle Mal mit einer Gleichung verbindet und eine Gleichung mit einer bestimmten geometrischen Linie. Und es ist ihm gelungen, einen solchen Weg zu finden. Er ist immer noch allgemein bekannt und weit verbreitet. Er heißt das kartesische Koordinatensystem: zwei Achsen schneiden sich rechtwinklig und sind auf dieselbe Weise eingeteilt.

Das kartesische Koordinatensystem verknüpfte für immer die geometrische Linie mit einer Gleichung.

Das Erstaunliche war, dass bei diesem Koordinatensystem jeder mathematische Ausdruck mit zwei Variablen als Linie dargestellt werden kann, und zum Beispiel bei einer quadratischen Gleichung kann das resultierende Bild verwendet werden, um sie zu lösen. Das ist also die universelle Methode in all ihrer Schönheit.

Keplers extreme Fässer

Ein weiteres Lieblingsthema des 17. Jahrhunderts war es, über sogenannte Extremwertprobleme nachzugrübeln. Dabei geht es um die Ermittlung des Maximal- und des Mindestwerts von Mengen. Das waren Probleme, die das sich immer schneller verändernde Leben selbst aufwarf.

Wenn Kepler zum Beispiel Wein kaufte, tauchte er ein Lineal in das Fass, prüfte den Füllstand des Weins im Fass und bezahlte auf dieser Grundlage den Verkäufer für seine Ware. Doch Kepler wollte Geld sparen: Er erkannte, dass die Menge des Weins nicht nur von der Füllhöhe des Fasses abhing, sondern auch vom Volumen des Fasses selbst. „Ist es möglich, das Volumen mit einem Lineal zu messen?“ – „Höchstwahrscheinlich“, hätte Kepler zu unserer Verblüffung geantwortet. Wenn das Fass eine Kiste wäre, das heißt, ein Würfel, würde eine Messung mit dem Lineal ausreichen. Aber ein Fass hat eine komplizierte Form – es hat eine Verdickung in der Mitte. Außerdem hat nicht jedes Fass dieselbe Form. Wenn sie alle eine Kugelform hätten, hätten sie die maximale Füllmenge.
Kepler war mit folgender Herausforderung konfrontiert: Welche Form von Fässern würde es ihm ermöglichen, so wenig wie möglich zu bezahlen?

Zunächst einmal hatte Kepler gute Übung in der Berechnung der Volumina von verschiedenen Objekten. Besonders gern mochte er Obst – Äpfel und Zitronen. Nun, nicht wirklich Obst, und schon gar nicht Äpfel oder Zitronen. Es waren nur ähnliche geometrische Figuren. Wenn du einen Kreis in zwei ungleiche Teile zerschneidest und den größeren Teil im Raum um die Trennlinie drehst, bekommst du einen „Apfel“, und wenn du den kleineren Teil drehst, erhältst du eine „Zitrone“.

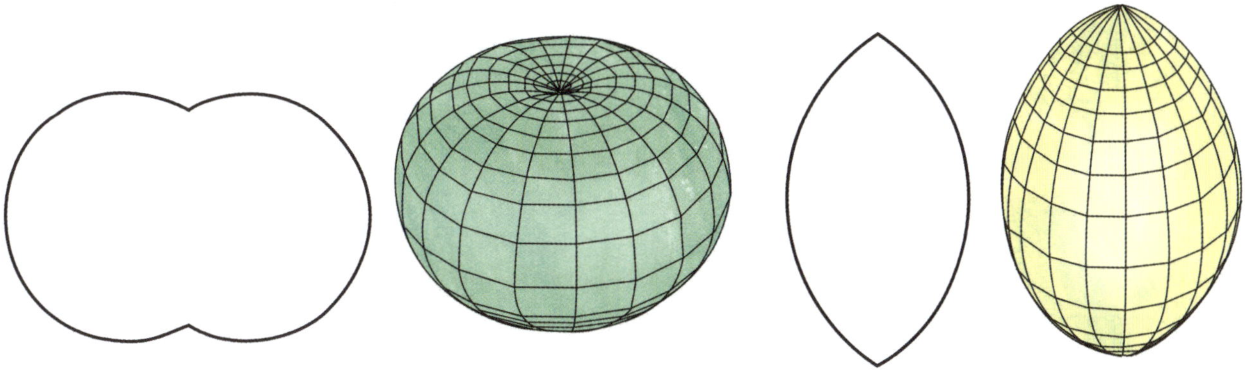

Bei allen Fässern ist unabhängig von ihrer Form die Entfernung vom Einfüllstutzen bis zur Mitte der gebogenen Seitenwand (d) dieselbe.

Um diese Frage zu beantworten, las Kepler noch einmal Archimedes, denn Archimedes konnte besser als jeder andere das Volumen verschiedener Figuren berechnen. „Und da es ja die Beweise gibt", schlussfolgerte Kepler, „bleibt nur noch, die richtige Methode für ihre Anwendung zu finden."

Archimedes' Trick war es gewesen, eine komplexe Figur in dünne Scheiben zu schneiden, um eine einfache Figur zu erzielen (deren Volumen leicht zu berechnen ist). Die verbleibenden Reste werden zusammengenommen und ebenfalls in eine einfache Figur gebracht. Dann werden die Rauminhalte der beiden einfachen Figuren addiert, und wir haben ein Ergebnis. Je dünner die Scheiben sind, desto weniger Reste gibt es und desto genauer kann das Volumen der komplexen Form berechnet werden.

Um maximale Genauigkeit zu erreichen, ergänzte Kepler Archimedes' Methode mit Zahlen, die fast an Null heranreichten, aber immer noch etwas größer waren als dieser Wert.

So entstanden „infinitesimal kleine Werte". Wir können sie uns als eine Folge von Brüchen vorstellen: $1/2$, $1/4$, $1/8$, $1/16$... und so weiter bis ins Unendliche. Die Bruchteile werden immer kleiner und nähern sich der Null, aber erreichen sie nicht.

Nachdem er das Volumen vieler Fässer gemessen hatte, stellte Kepler fest, dass Fässer, die zu schmal oder zu dick waren, weniger Wein enthielten. Das ideale Fassungsvermögen lag irgendwo dazwischen. Um dies herauszufinden, begann Kepler, ein gestauchtes kleines Fass allmählich abzuflachen, und beobachtete die Veränderung seines Volumens.

Wie groß war seine Überraschung, als er herausfand, dass die Form des Fasses mit dem größten Fassungsvermögen der Welt bereits seit Langem bekannt war; und dass die meisten Fässer bereits diese Form hatten!

Außerdem stellte Kepler fest, dass bei einer nur leichten Veränderung der Idealform das Volumen des Fasses praktisch unverändert blieb. Um Geld zu sparen, waren seine Bemühungen also völlig umsonst gewesen. Glücklicherweise spielten sie für die Mathematik aber eine große Rolle.

Es stellte sich heraus, dass jede veränderte Menge sich ähnlich verhält: in der Nähe eines Maximums (des Volumens eines Fasses zum Beispiel) ändert sich nicht viel, wenn sich ändert, wovon es abhängt (die Form des Fasses). Warum das so ist, haben Leibniz und Newton 100 Jahre nach Kepler erklärt, und sie haben auch gezeigt, wie man Extremwertprobleme unabhängig vom konkreten Fall und ohne umständliche Berechnungen lösen kann.

Kepler hat ein noch schwierigeres Problem gelöst als Archimedes: Er hat die Form des Fasses mit dem größten Fassungsvermögen gefunden!

Mathematische Analysis

So, wie Keplers astronomische Beobachtungen und Galileis Beobachtung der fallenden Steine Newton dazu gebracht hatten, das Gravitationsgesetz zu schaffen, ebneten infinitesimal kleine Werte zusammen mit dem Koordinatensystem von Descartes den Weg für einen großen Durchbruch in der Mathematik.

Was noch fehlte, war ein Genie, das diesen Durchbruch vollendete. Und obwohl es schwer zu glauben ist – dieses Genie war wieder Isaac Newton!

Die Idee war, infinitesimal kleine Mengen zur Messung der Geschwindigkeit eines Objekts zu einem bestimmten Zeitpunkt zu nutzen.

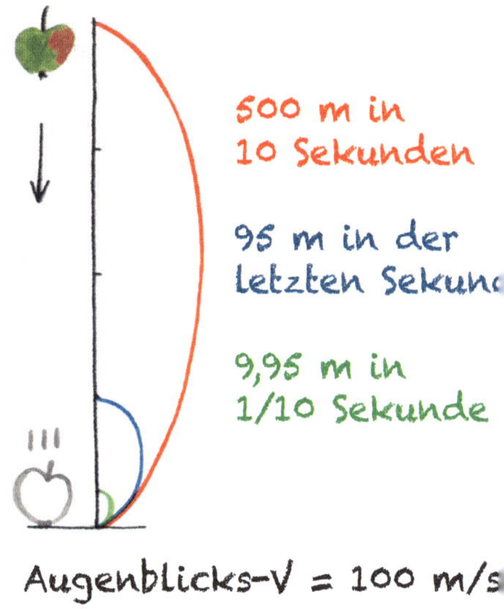

Mit anderen Worten, Newton hatte es mit Zenon aufgenommen und dessen Paradoxon von dem Pfeil, der weder fliegt noch nicht fliegt, sondern zu jedem angenommen Zeitpunkt stehenbleibt. Aber Newton zog es bekanntlich vor, Äpfel statt Pfeile zu beobachten. Erst recht, da Galilei bereits eine Formel für die Entfernung gefunden hatte, die ein Objekt im freien Fall zurücklegt: Sie ist gleich dem Quadrat der Flugzeit, dividiert durch die Hälfte und multipliziert mit zehn.

Das heißt, wenn du gedanklich einen Apfel von einem sehr, sehr, sehr hohen Apfelbaum fallen lässt und eine Falldauer von 10 Sekunden stoppst, hat der Apfel 500 Meter zurückgelegt ($10 \times 10 \times {}^{10}/_{2}$). Die Durchschnittsgeschwindigkeit des Apfels während dieser Zeit beträgt 50 Meter pro Sekunde (${}^{500}/_{10}$).
Und jetzt kommt der lustige Teil. Wenn du die ersten 9 Sekunden des Falls des Apfels verschlafen hast, ist das Bild ganz anders. In den ersten neun Sekunden hat der Apfel 405 Meter ($9 \times 9 \times {}^{10}/_{2}$) zurückgelegt, sodass er noch 95 Meter vor sich hat. Die Durchschnittsgeschwindigkeit in der letzten Sekunde beträgt 95 Meter pro Sekunde: fast doppelt so viel wie zu dem Zeitpunkt, als du den Apfel zehn Sekunden lang beobachtet hast.

Und was passiert, wenn du die ersten 9,5 Sekunden des Apfelfalls verschlafen hast? In dieser Zeit wird er etwas weiter gefallen sein, über 451 Meter ($9{,}5 \times 9{,}5 \times {}^{10}/_{2}$), und er hat noch 49 Meter freien Fall vor sich. Beim Aufwachen stellst du fest, dass die Fallgeschwindigkeit des Apfels jetzt fast 98 Meter pro Sekunde ist.

Die Momentangeschwindigkeit kann für jeden beliebigen Zeitpunkt berechnet werden.

Und was ist, wenn du erst eine Hundertstelsekunde, bevor der Apfel auf dem Boden aufprallt, aufwachst? Es ist bereits klar, dass der Apfel Zeit haben wird, noch stärker zu beschleunigen: seine Geschwindigkeit wird auf 100 Meter pro Sekunde zugehen, und du kannst dich dem mit der Infinitesimalrechnung beliebig weit nähern. Auf diese Weise hat Newton also herausgefunden, wie man die Augenblicksgeschwindigkeit unterschiedlicher Bewegungen zu jedem beliebigen Zeitpunkt bestimmen kann; er hatte damit das Pfeilparadox Zenons gelöst. Aber auch das war noch nicht alles:

Aus alter Gewohnheit wollte Newton die Umkehrung des Theorems beweisen. Wenn er die Momentangeschwindigkeit mithilfe der Galilei-Formel ermitteln konnte, dann sollte es doch auch möglich sein, die Galilei-Formel aus der bekannten Momentangeschwindigkeit abzuleiten. Um dies zu erreichen, galt es, ein kartesisches Koordinatensystem zu konstruieren, auf dessen horizontaler Achse die Zeit markiert war und auf dessen vertikaler Achse die Augenblicksgeschwindigkeit. Dazwischen lässt sich nun deren Anstieg als Diagramm darstellen.

Die Fläche des Diagramms entspricht dem Weg, den der Apfel zurücklegt. Wenn du diese Fläche berechnest, erhältst du genau die Formel von Galilei. Hurra! Newton lebe hoch! Der Beweis dieses Theorems eröffnete nie dagewesene Möglichkeiten für praktische Berechnungen. Aber es waren noch einige Hindernisse zu überwinden.

Das Newton-Leibnizsche Theorem: Wenn wir das Gesetz kennen, nach dem sich die Geschwindigkeit eines Körpers ändert, können wir berechnen, wo er sich zu einem beliebigen Zeitpunkt befindet.

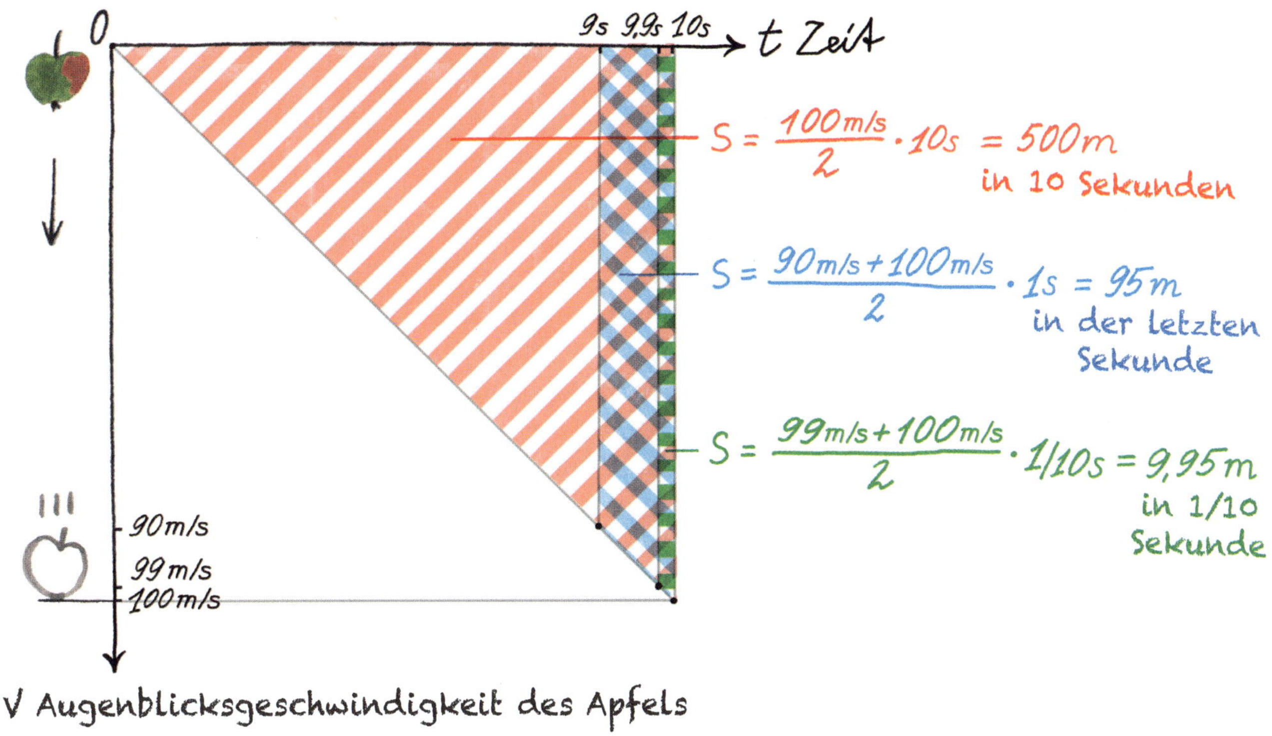

Die Londoner Royal Society wurde 1660 als eine Gruppe von gleichgesinnten Gelehrten gegründet, doch zur Zeit des Streits zwischen Leibniz und Newton war sie bereits eine offizielle staatliche Einrichtung. Es gibt sie auch heute noch: Wenn du eine große Entdeckung gemacht hast, solltest du unverzüglich der Gesellschaft schreiben. Du musst nicht warten, bis sie dich dazu überredet hat.

Während Newton geduldig darauf wartete, dass man ihn bat, zu kommen und das nächste große Projekt in Angriff zu nehmen, verschwendete ein anderer Wissenschaftler keine Zeit. Er hatte dieselbe Entdeckung gemacht und sie veröffentlicht. Und er hatte die Ergebnisse seiner Forschungen in einer klareren und einfacheren Sprache dargestellt. Der Name dieses Wissenschaftlers war Gottfried Wilhelm Leibniz, und obwohl er und Newton sich glänzend verstanden, kam schon bald die Frage auf: Wer von beiden war der Vater der mathematischen Analysis?

Um den Streit zu schlichten, wandten sich die Wissenschaftler an die Royal Society in London. Diese Gesellschaft, die sich aus den besten Köpfen der damaligen Zeit zusammensetzte, überdachte die Situation und kam zu dem Ergebnis, dass Newton und Leibniz unabhängig voneinander dasselbe herausgefunden hatten, Newton allerdings ein wenig früher. Bei Leibniz könnte man meinen, dass er dabei war, die gesamte Welt auf einmal zu erkunden. Philosophie, Mathematik, Physik, Geschichte ... wenn man alle Wissensgebiete nennen möchte, auf denen Leibniz erfolgreich arbeitete, kommt man gar nicht zum Ende. Innovative Ideen entstanden in seinem Kopf mit solcher Geschwindigkeit und in solcher Menge, dass er kaum selbst mit ihnen Schritt halten konnte. Er musste sich auf das Wesentliche beschränken und es der Nachwelt überlassen, über die Einzelheiten nachzudenken.

Eine von Leibniz' Ideen war es, die Kunst des wissenschaftlichen Streits der Mathematik unterzuordnen. Dann könnte doch jedes Streitthema durch mathematische Berechnungen geschlichtet werden. Dabei käme es dann auch gar nicht darauf an, worum der Streit ging.

Es gibt gute Gründe für die Annahme, dass Leibniz nicht allzu verärgert war, als er von dem Urteil der Royal Society erfuhr.

Die mathematische Analysis wurde war nicht Leibniz' einziges geistiges Kind. Nehmen wir nur seine Rechenmaschine: Niemand würde es wagen, ihm die Erfindung dieses erstaunlichen Mechanismus streitig zu machen. Die Zylinder der Maschine werden durch das Drehen einer Kurbel gleichzeitig bewegt und vollziehen Additionen, Subtraktionen und Multiplikationen, und dies – und das ist das Wichtigste – ohne die geringste geistige Anstrengung.

Nach der Entdeckung der Gesetze der Gravitation und der mathematischen Analysis begannen die Wissenschaftler zu glauben, dass sie die ganze Welt in der Sprache der Mathematik beschreiben könnten. Und da sie nun auch noch eine funktionierende Rechenmaschine zur Hand hatten, könnten sie sie nicht nur beschreiben, sondern auch berechnen – die ganze Welt.

Eine seiner Rechenmaschinen schenkte Leibniz dem russischen Zar, Peter dem Großen, als dieser durch Westeuropa reiste.

Um die Euphorie zu spüren, die die Mathematiker ergriffen hatte, muss man nur noch einmal an Pierre de Fermat denken. Bei seiner Lieblingsbeschäftigung, der Lektüre antiker Autoren, dachte er sich oft arithmetische Probleme oder Theoreme aus und schrieb sie sogleich an den Rand des Buches. Eines dieser Theoreme ist besonders bekannt geworden. Darin behauptet Fermat, es gebe keine drei natürlichen Zahlen, bei denen die Summe der Kubikzahlen zweier von ihnen gleich der Kubikzahl der dritten ist. Bei Quadratzahlen ist dies dagegen möglich: man denke nur an den Satz des Pythagoras. Aber bei der dritten, vierten und jeder weiteren Potenz gibt es keine solchen Zahlen. Dort schrieb er an den Rand: „Ich habe diesem Forscher einen wunderbaren Beweis offenbart, doch dieses Gebiet ist zu eng für ihn." Fermat scheint sich sehr sicher gewesen sein, dass jeder, der seine bescheidene Notiz lesen wollte, auf der Stelle seinen Satz hätte beweisen können.

Zu den Computern s. S. 153

Der große Fermatsche Satz wurde von mehr Wissenschaftlern in Angriff genommen als jedes andere mathematische Problem jemals. Es wurden Bücher darüber geschrieben und sogar Filme gedreht, aber lange Zeit konnte ihn niemand beweisen. Das Problem wurde erst 1994 gelöst.

Zu Boole und seiner algebraischen Logik s. S. 144

VON MAGNITSKI BIS LOBATSCHEWSKI: MATHEMATIK IN RUSSLAND

Peter der Große holt die Mathematik ins Land

Peter I. bei der Pariser Akademie der Wissenschaften

Im Jahr 1697 begab sich der junge Zar Peter I. auf eine lange Reise quer durch Europa, die später als die „Große Gesandtschaft" bekannt wurde. Eines der Hauptziele des russischen Zaren war es, das fortschrittlichste Wissen aus den verschiedensten Bereichen des Militärwesens und insbesondere der Mathematik zu sammeln. Er hoffte auch, eine Rechenmaschine von einem bedeutenden Wissenschaftler geschenkt zu bekommen. Wer aufmerksam die letzten Seiten gelesen hat, wird bereits wissen, dass die Sache mit der Rechenmaschine erfolgreich war. Dasselbe gilt für die fortgeschrittensten mathematischen Theorien.

In der Zeit vor Zar Peter I. war die Lage der Mathematik in Russland nicht sehr glücklich. Das ist durchaus verständlich, denn die Russen hatten lange genug damit zu tun, die Invasion unter der tatarischen Fremdherrschaft zu überleben; da blieben weder Zeit noch Energie für die Mathematik. Dennoch konnte jeder gebildete Mensch sein Getreide und sein Vieh zählen, und die Geschicktesten konnten sogar die Ergebnisse mithilfe der kyrillischen Buchstaben aufschreiben.

Auf einer seiner Reisen nach Europa besuchte Peter die Pariser Akademie der Wissenschaften, wo ihm die neuesten Erfindungen und chemischen Experimente gezeigt wurden. Das machte einen unglaublichen Eindruck auf ihn, und er beschloss, Russland auf denselben Stand der Wissenschaft bringen.

Dies blieb so bis ins 17. Jahrhundert. Aber Peter der Große fand das unerträglich! Vor allem, als er aus erster Hand hörte, dass Leibniz und Newton bereits die mathematische Analysis entwickelten.

Zurück in Russland, eröffnete der Zar als Erstes eine Schule für Mathematik und gab ein Lehrbuch in Auftrag. „Mathematik, Mathematik, Mathematik“, wiederholte Peter immer wieder, denn in der Zeit der „Großen Gesandtschaft“ hatte er erkannt, dass es ohne die neuesten mathematischen Errungenschaften unmöglich war, eine moderne Stadt oder eine Flotte zu bauen oder eine Armee auszurüsten. Das zweite russische mathematische Lehrbuch, eine Übersetzung aus dem Deutschen („Geometrie“), hat Peter selber redigiert!

Als Nächstes beschloss Peter I., in Russland eine Akademie der Wissenschaften zu gründen, nach dem Vorbild der Pariser Akademie und der Royal Society in London. Im Jahr 1724 wurde sie in St. Petersburg eröffnet. Aber es gab niemanden, der dort arbeiten konnte. Russland hatte keine eigenen Wissenschaftler. Also mussten sie aus dem Ausland angeworben werden. Anfangs gab es mehr Professoren als Studenten, und sie hielten Lesungen untereinander.

Für besonders große Zahlen hatten die Russen ihr eigenes Notationssystem erfunden. Zu einem Buchstaben, der für eine bestimmte Zahl stand, wurde ein bestimmtes Zeichen hinzugefügt, wodurch sich der Stellenwert der Zahl änderte. Der Buchstabe A zum Beispiel stand mit einem solchen Zeichen für ein Vielfaches von Eins. A in einem Kreis bedeutet „Dunkelheit“ (d.h. 10.000), und der gleiche Buchstabe A in einem schönen Strichelkranz bedeutet „Legion“ (d.h. 100.000).

Im Jahr 1703 schrieb Leonti Philippowitsch Magnitski ein Lehrbuch mit dem vielsagenden Titel „Arithmetik, das heißt, die Wissenschaft der Zahlen. Aus verschiedenen Dialekten in die slawische Sprache übersetzt und in zwei Bücher aufgeteilt“.

Euler: i, π, e

Einer der hervorragendsten Wissenschaftler, dessen die Petersburger Akademie der Wissenschaften habhaft werden konnte, war der 20-jährige Leonhard Euler. Euler schrieb unermüdlich Artikel, in denen er immer neue Formeln, Gleichungen und Methoden entwickelte, und schrieb auch Lehrbücher, in denen er die neuesten Errungenschaften der wissenschaftlichen Welt erklärte. Wenn Euler einen mathematischen Begriff verwendete, so ging dieser dauerhaft in die Sprache der Wissenschaft ein. So kam Euler beispielsweise auf die Idee, mit dem Buchstaben *i* eine imaginäre Zahl zu bezeichnen, also eine Zahl, die mit sich selbst multipliziert −1 ergibt.

Nach seiner Ankunft in Russland lernte Euler schnell Russisch, heiratete, hatte Kinder, ließ sich nicht weiter von Nebensächlichkeiten abhalten und widmete sich seiner Lieblingsbeschäftigung – der Mathematik.

Er erfand auch die Schreibweise für das Verhältnis zwischen dem Umfang eines Kreises und seinem Durchmesser. Seit der Zeit von Archimedes war bekannt, dass dieses für alle Kreise gleich ist, aber niemand wusste, wie es als Zahl geschrieben werden sollte. Man konnte einen Annäherungswert finden, der sich aber nur als unendliche Reihe ausdrücken ließ: $4 - 4/3 - 4/5 - 4/7 + 4/9$ … So empfahl Euler den Mathematikern in aller Welt, den Wert einfach mit dem griechischen Buchstaben π zu bezeichnen. Bis heute sind sich alle darin einig.

Übrigens: Speziell für diejenigen, denen die Zahl π noch nicht reichte, führte Euler die Zahl e ein. Was diese Zahl bedeutet, können wir uns zum Beispiel klarmachen, wenn wir die Wachstumsgeschwindigkeit eines Kefirpilzes in einem Glas Milch betrachten. Also, wenn wir einen gefräßigen Kefirpilz in die Milch legen, wird er anfangen, sie in Kefir zu verwandeln, und er wird so wachsen, dass jede Zelle des Pilzes sich innerhalb von 24 Stunden teilt, sodass sich die Zahl der Zellen verdoppelt. In zwei Tagen vervierfacht sie sich, und nach drei Tagen hat sie sich verachtfacht.

Die Zahl e steht für die Wachstumsgeschwindigkeit.

Man könnte meinen, dass sich der gesamte Pilz an einem Tag verdoppelt. Aber das ist natürlich nicht der Fall. Zwar teilen sich die Zellen des Pilzes ständig, einige schneller, einige langsamer, aber alle innerhalb eines Tages. Die Zellen, die aus der Teilung hervorgegangen sind, beginnen sofort mit ihrem Countdown von 24 Stunden, teilen sich erneut und beschleunigen so das Wachstum des Pilzes. Die Frage ist: Wie schnell wächst der Pilz genau? Um das zu verstehen, beobachten wir ihn ein bisschen.

Mit welcher Geschwindigkeit wächst ein Kefirpilz?

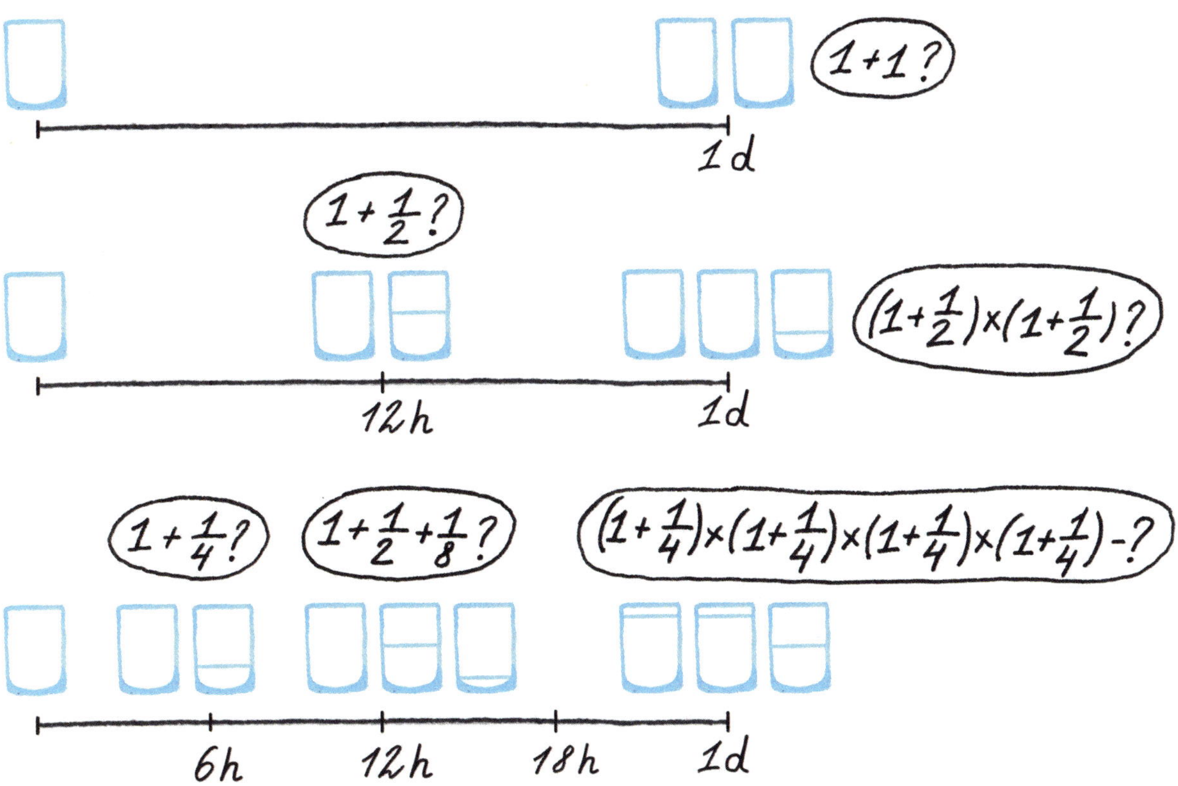

Wenn wir nach 12 Stunden in das Glas mit dem Pilz gucken, stellen wir fest, dass der Pilz etwa eineinhalbmal so groß geworden ist wie anfangs, und die neuen Zellen haben schon begonnen, sich mit derselben Geschwindigkeit zu teilen. Daher wird der gesamte Pilz sich in 24 Stunden nicht genau verdoppelt haben, sondern etwas mehr (1 und $\frac{1}{2} \times 1$ und $\frac{1}{2} = 2$ und $\frac{1}{4}$).

Was ist, wenn wir uns den Kefirpilz etwas früher ansehen, schon nach 6 Stunden? Nun, dann ist der Pilz um etwa ein Viertel gewachsen, und da das neue Viertel sofort zu wachsen begonnen hat, ist es einfach zu folgern, dass der Pilz an einem Tag fast auf das Zweieinhalbfache gewachsen ist! (1 und $\frac{1}{4} \times 1$ und $\frac{1}{4} \times 1$ und $\frac{1}{4} \times \times 1$ und $\frac{1}{4} = 2{,}44$). Und wenn man den Pilz alle 3 Stunden untersucht? Oder jede Stunde? Oder jede halbe Stunde? Die ursprüngliche Frage, die lautet: „Wie schnell wächst der Pilz?", bekommt nun einen düsteren Unterton: Kann der Pilz etwa die ganze Milch der Welt innerhalb von 24 Stunden in Kefir verwandeln und zu kosmischen Ausmaßen anwachsen?

Jeder Mathematiker wird antworten: „Nein, kein Kefirpilz würde sich so hemmungslos verhalten." Die Wachstumsgeschwindigkeit des Pilzes wird nicht ins Unendliche gehen, sondern nur bis zur Zahl *e*, die etwa 2,71828... beträgt. So viel Mal wird sich der Kefirpilz in 24 Stunden vermehren. Und natürlich ist es ihm dabei egal, ob wir ihn beobachten oder nicht.

Anders als die Zahl π war von der Zahl e noch nicht bekannt, ob sie als Bruch oder auf andere bereits verfügbare Weise geschrieben werden kann. Euler beschloss, kein Risiko einzugehen, und forderte alle Welt auf, die Zahl mit dem Buchstaben e zu bezeichnen – kurz und einfach. Als die Sache mit der Bezeichnung der Namensgebung geklärt war, wollte Euler die Zahl e auch in irgendeiner Weise anwenden. Aber damals war noch nicht bekannt, in welchen Bereichen des Lebens das sinnvoll war; also musste Euler die ganze Kraft seines Geistes auf abstrakte Konstrukte verwenden, die wenig mit der Welt um sie herum zu tun hatten. Daraus entstand in seinem Kopf eine ungewöhnlich elegante Formel.

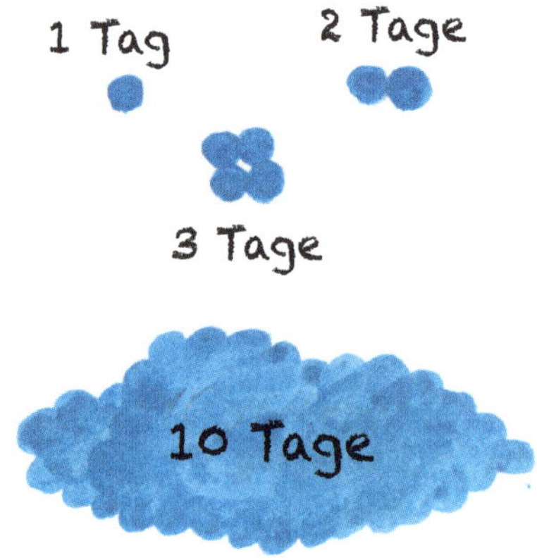

Wenn etwas sehr, sehr schnell, wächst, sagt man, „es wächst exponentiell". Dies hat eine klare Bedeutung: In der Mathematik heißt das, dass eine bestimmte Menge sich in einer bestimmten Zeit eine bestimmte Anzahl von Malen ändert. Zum Beispiel teilen sich Bakterien, wenn sie genug Nahrung haben und sie ein bestimmtes Alter erreicht haben; also verdoppelt sich ihre Zahl in einem bestimmten Zeitraum, dann nach derselben Zeit erneut und von da an immer wieder.

Exponentiell kann etwas auch abnehmen. Eine radioaktive Substanz etwa hat eine Halbwertzeit. Während dieser Zeit sinkt die Menge ihrer Strahlung um die Hälfte. Über zwei gleiche Zeiträume sinkt der Betrag auf ein Viertel, über drei auf ein Achtel, über vier auf ein Sechzehntel sechzehn. Irgendwann wird es so wenig davon geben, dass es kaum noch bemerkbar ist.

$$e^{i\pi}+1=0$$

Erkenntnis!

Die Eulersche Formel verknüpfte zentrale Werte aus allen wichtigen Zweigen der Mathematik miteinander: aus Arithmetik, Geometrie, Algebra und der jungen Analysis.

Der Beginn der Topologie

Nachdem er die Höhen des abstrakten Denkens erreicht hatte, kehrte Euler von dort auf die Erde zurück und befasste sich mit dem praktischen Problem, ob ein Fußgänger jede der sieben Brücken Königsbergs hintereinander überqueren kann, ohne eine davon zweimal zu überqueren. Um das herauszufinden, zeichnete Euler einen Plan der Stadt und vereinfachte dieses Schema bis zu dem Punkt, an dem nur noch die Brücken übrig waren. Das konnte man schon nicht mehr als schematische Darstellung bezeichnen; also nannte er es einen „Graph", nach dem altgriechischen Wort „grapho" für zeichnen.

Die Herausforderung bestand nun darin, diesen Graph zu zeichnen, ohne den Bleistift vom Papier zu nehmen und ohne zweimal über dieselbe Stelle zu gehen. Das war immerhin schon viel leichter, als in der Stadt herumzulaufen, ohne zu wissen, wie das Wetter sein wird.

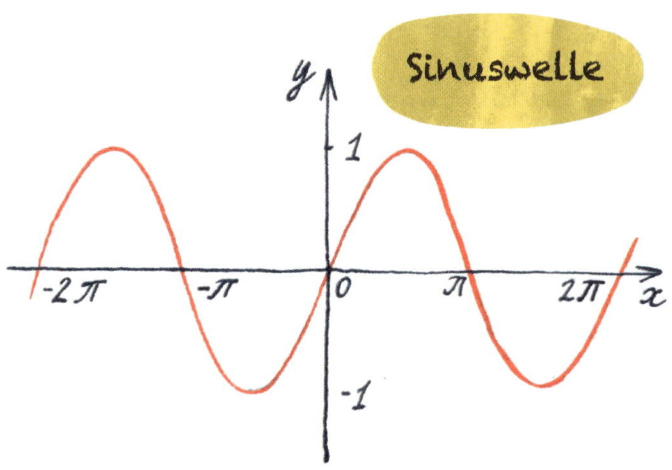

Vor Euler bezeichneten die Mathematiker als Sinus eines Winkels nur das Verhältnis der Seiten eines rechtwinkligen Dreiecks. Nach Eulers Arbeit gewöhnten sich alle daran, einen Graph in einem Koordinatensystem Sinuswelle zu nennen. Jeder Punkt auf dem Graph entspricht dem Sinus eines Winkels. Die Größe des Winkels wird auf der waagerechten Achse angezeigt, und der Sinuswert auf der senkrechten.

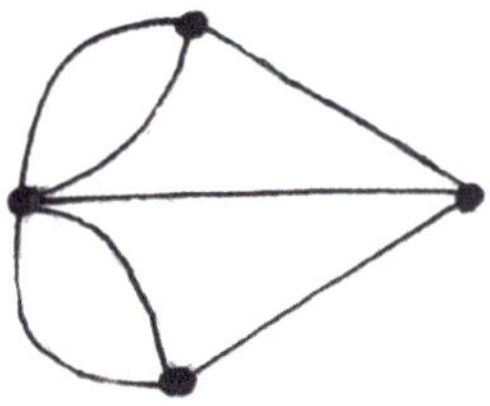

Doch auch wenn er es sich scheinbar leicht gemacht hatte, erreichte Euler sein Ziel nicht durch zufälliges Hin- und Herziehen. Stattdessen bewies er, dass ein Graph konstruiert werden kann, bei dem er seinen Stift nicht absetzen muss, wenn es genau zwei „Knotenpunkte“ gibt, von denen aus eine ungerade Anzahl von „Kanten“ – den Wegen über die Brücken – ausgeht. Einer der Knotenpunkte sollte als Eingang verwendet werden, das heißt als Anfang des Weges, der andere als Ausgang, das heißt Ende des Weges. Alle übrigen Knotenpunkte können nur ebenso oft erreicht werden, wie sie wieder verlassen werden; das heißt, von ihnen geht stets eine gerade Anzahl von „Kanten“ aus.

Erkenntnis!

Eulers Methode ist nicht nur bei Reisen in Städte mit vielen Brücken nützlich, sondern auch bei der Lösung einer Vielzahl von Problemen in Physik, Chemie, Biologie und anderen Wissenschaften.

Wenn in einem solchen Graph eine gerade Anzahl von „Kanten“ von allen Knotenpukten ausgeht, dann wird der Spaziergänger über alle Brücken gehen können und wieder an dem Punkt anlangen, von dem aus er ausgegangen ist. In allen anderen Fällen – wie in Königsberg – kann er nicht alle Brücken nacheinander queren, ohne wenigstens eine zweimal passieren zu müssen.

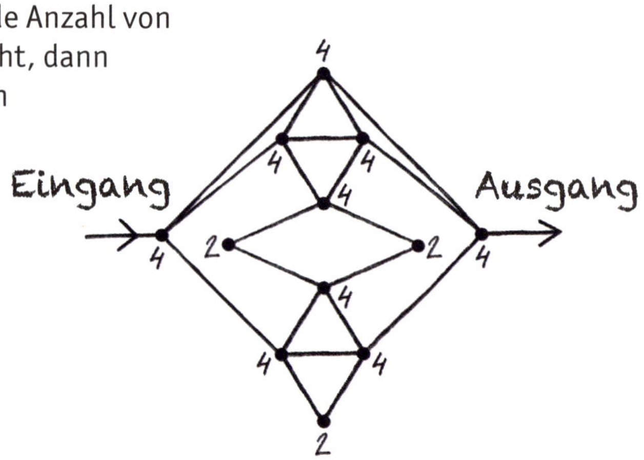

Eulers Interesse an Graphen endete nicht mit solchen Zeichnungen. Der Wissenschaftler betrachtete alle Arten von dreidimensionalen Figuren und entdeckte, dass ein Polyeder jede beliebige Form annehmen kann: Man kann es wie Teig kneten oder wie ein Stück zähes Fleisch mit dem Hammer bearbeiten. Und wenn es dann eine andere Form angenommen hat, wird diese doch etwas mit dem ursprünglichen Polyeder gemein haben: Nämlich die Beziehung zwischen den Werten der Eckpunkte (C), Kanten (R) und Flächen (D).

Zu Poincaré und dem Problem der Dreidimensionalität der Kugel s. S. 150

Dies ist natürlich eine etwas einseitig kulinarische Beschreibung der von Euler gemachten Beobachtung, aber sie vermittelt ihren Kern. Und dieser Kern genügte, um ein weiteres neues Gebiet der mathematischen Wissenschaft zu begründen: die Topologie.
Aber erst zwei Jahrhunderte später erforschte die Wissenschaft dieses Gebiet genauer.

Polyeder sind fast dasselbe wie Graphen. Nur dass Polyeder dreidimensional sind, während Graphen auf Oberflächen angeordnet sind. Bei Polyedern, die, wenn wir sie uns aufgeblasen vorstellen, zu einer Kugel werden, gilt: $C + D - R = 2$. Für Graphen, die, wenn wir sie uns aufgeblasen vorstellen wie einen Bagel, also mit einem Loch, gilt: $C + D - R = 0$. Für einen Graph in der Ebene gilt: $C + D - R = 1$.

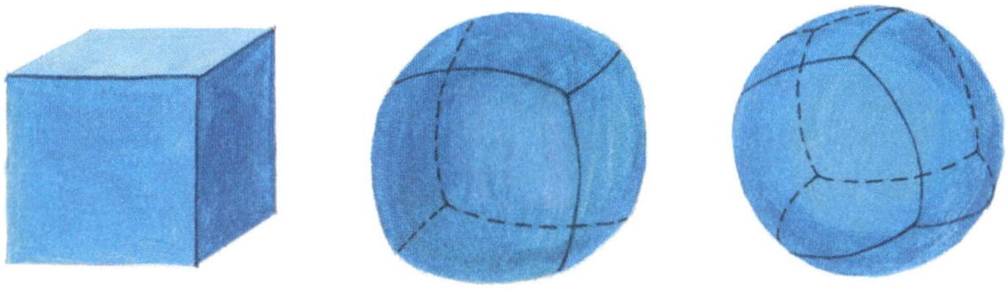

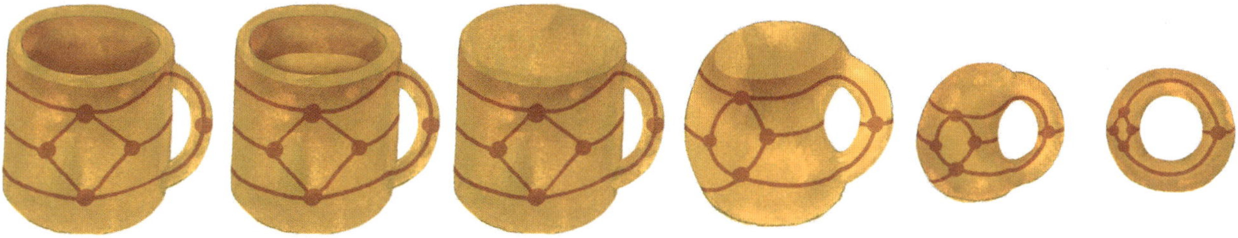

Der in der Schweiz geborene Euler war nicht der einzige Wissenschaftler, der für die Entwicklung der mathematischen Wissenschaft in Russland verantwortlich war. Denn Michail Wassiljewitsch Lomonossow war bei dieser großen Aufgabe stets an seiner Seite. Zwar waren Lomonossows Fachgebiete eher die Naturwissenschaften (Physik und Chemie), doch er las jedes einzelne Werk Eulers, sobald es dessen Schreibtisch verlassen hatte, und unterhielt einen regen Briefwechsel mit ihm. Als Lomonossow im Jahr 1755 die Moskauer Staatsuniversität gründete, war eine der ersten Disziplinen, die dort gelehrt wurden, die Mathematik.

Im Jahr 1741 schrieb Lomonossow ein Buch mit dem Titel „Elemente einer mathematischen Chemie", in dem er versuchte, die Chemie auf Grundelemente zurückzuführen, so wie es Euklid und später Newton mit der Mathematik getan hatten – mit Definitionen, Axiomen, Theoremen und Beweisen. Leider wurde das Buch nie veröffentlicht, und nur Entwürfe dazu sind erhalten geblieben.

Im 19. Jahrhundert wurden in Russland weitere Universitäten eröffnet, und seitdem hatte die Mathematik in Russland dasselbe Niveau wie im übrigen Europa, und seitdem hat die Welt Russland eine Reihe herausragender Mathematiker zu verdanken.

„Mathematik muss studiert werden, denn sie ist die Ordnung des Geistes."

M. W. Lomonossow

Sofia Kowalewskaja

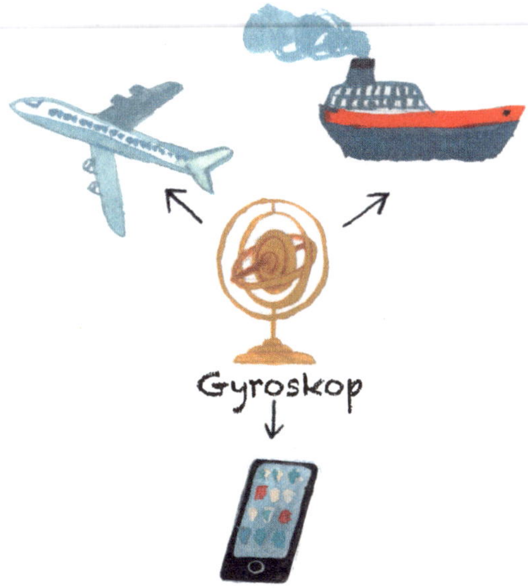

Eine russische Mathematikerin

Zu diesen herausragenden Wissenschaftlern gehörte Sofia Kowalewskaja, die erste Frau der Welt, die Mathematik an einer Universität unterrichtet hat. Berühmt ist sie für ihre Erforschung des Kreisels geworden.

Natürlich werden sich viele Leserinnen und Leser jetzt fragen: Wieso ein Spielzeug? Wo bleibt denn da die Mathematik? Doch ein Kreisel unterscheidet sich von unserem Planeten nur in Form, Größe und Material, und beide drehen sich auf sehr ähnliche Weise. Insofern hat Sophia Kowalewskaja mit dem Kreisel dasselbe getan, was Newton mit dem Apfel getan hatte: Sie hat eine Formel für die Berechnung der Rotationsgeschwindigkeit zu jedem beliebigen Zeitpunkt entwickelt.

Eine erstaunliche Eigenschaft des Kreisels ist diese: Wenn er ruht, ist es unmöglich, ihn aufrecht zu stellen, aber wenn er sich dreht, fällt er niemals zur Seite, es sei denn, er wird aufgehalten. Diese erstaunliche mechanische Eigenschaft wurde später in einer ganzen Reihe von technischen Anwendungen verwendet, doch bevor sie angewandt werden konnte, musste man sie verstanden haben.

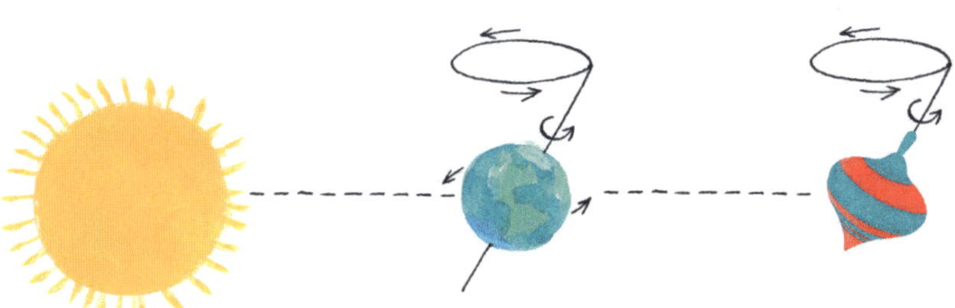

Die Astronomen, die sich für die Eigendrehung der Planeten interessierten, brauchten eine Erklärung für die Bewegungseigenschaften eines Kreisels, weil die Planeten nichts anderes als riesige Kreisel sind. So rotiert die Erdachse wie die eines Kreisels und legt dabei alle 12.000 Jahre einen vollständigen Kreis zurück.

Und wie ein Kreisel hat auch die Erde ihren Schwerpunkt in der Mitte, ihre Drehung ist also einfach: Ihre Achse beschreibt eine Kreisbewegung. Sofia Kowalewskaja löste ein viel schwierigeres Problem: Sie berechnete die Momentangeschwindigkeit eines rotierenden Objekts mit versetztem Schwerpunkt.

Ein weiterer herausragender russischer Mathematiker des 19. Jahrhunderts war Pafnuti Lwowitsch Tschebyschow. Sein Hauptinteresse galt Maschinen, von der Dampfmaschine bis hin zu den kleinsten Uhren. Tschebyschow selbst hat eine Sortiermaschine zum Sieben von Getreide erfunden, eine Rudervorrichtung zur Verwendung in Booten und einen Damenrollstuhl, mit dem Frauen Ausflüge machen konnten, ohne ihre Beine zu belasten.

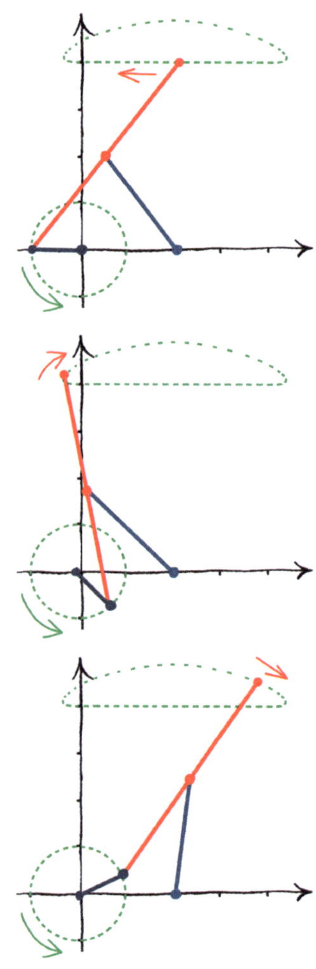

Wir sollten uns jedoch nicht zu früh freuen. Bevor er seine eigenen Mechanismen entwickelte, musste Tschebyschow einige Probleme lösen, die schon vor ihm bekannt waren.
Die größte Frage dabei war, wie man eine Rotationsbewegung (um einen Kreis) in eine geradlinige Bewegung umwandeln kann. Und natürlich gilt: Die Grundlage eines jeden Mechanismus sind die Getrieberäder, die sich drehen. Schon seit hundert Jahren hatten Wissenschaftler darüber nachgedacht, wie man diese Kreisbewegung in eine gerade Linie umwandeln kann, und sie hatten so gut wie nichts herausgefunden. Tschebyschow aber betrachtete die Frage aus der Perspektive der mathematischen Analysis. Statt auf gut Glück einen Typ von Mechanismus durch einen anderen zu ersetzen, hatte er die Idee, die Kreisbewegungen immer weiter auszudehnen, bis sie sich immer mehr der Geradlinigkeit annäherten. Zu diesem Zweck entwickelte er eine mathematische Theorie zur Lösung des Problems der Annäherung einer kreisförmigen an eine geradlinige Bewegung. Letztendlich war der Unterschied zwischen Kreis und Geradlinigkeit so klein geworden, dass sie mit bloßem Auge nicht mehr zu erkennen war.

Pafnuti Tschebyschow

Die aufmerksame Leserin wird feststellen: „Da steht, dass die Wissenschaftler hundert Jahre lang fast nichts herausgefunden haben. Aber bedeutet ‚fast' nicht, dass sie sich doch wenigstens etwas haben einfallen lassen?" – Das haben sie in der Tat getan. Zum Beispiel Nikolaus Kopernikus. Er hatte entdeckt, dass, wenn man in einen Kreis einen weiteren Kreis mit halbem Radius setzt und diesen um den Mittelpunkt des ersten rotieren lässt, dieser an einem bestimmten Punkt den Durchmesser des äußeren Kreises berühren wird. Das heißt, in einer geraden Linie von dem Ausgangspunkt der Bewegung des inneren Kreises. Allerdings war Kopernikus im Unterschied zu Tschebyschow nicht an ingenieurwissenschaftlichen Einzelheiten interessiert und hatte es nicht eilig, seine Erkenntnis für die Mechanik zu nutzen.

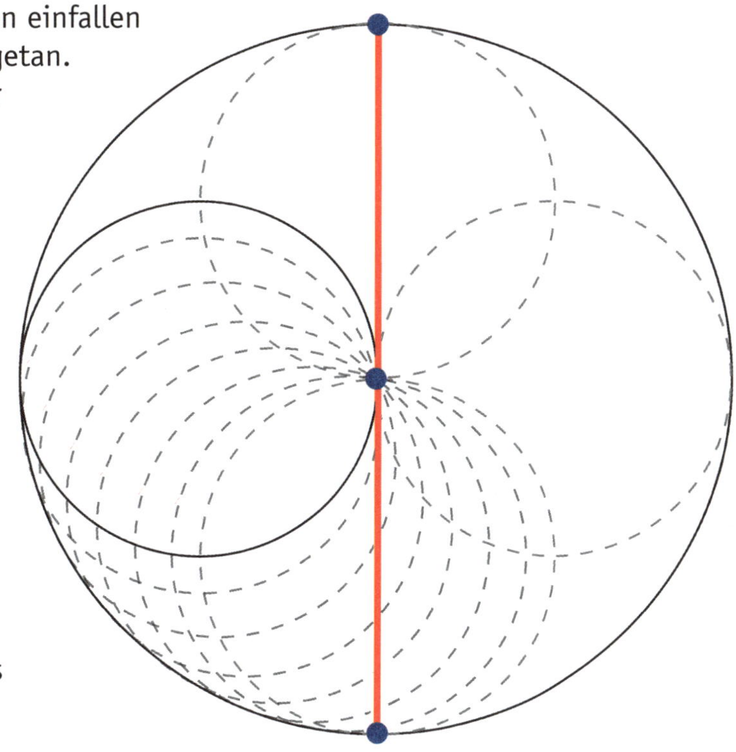

Neue Geometrien

Ein anderer russischer Mathematiker, Nikolai Iwanowitsch Lobatschewski, war der erste seit der Antike, der eine neue geometrische Theorie aufstellte. Bei der sorgfältigen Prüfung von Euklids Axiomen fiel ihm besonders das sogenannte fünfte Postulat auf – das seltsamste der Axiome, denn es ist eher ein Theorem, das bewiesen werden soll, als eine offensichtliche Tatsache. Das fünfte Postulat bedeutet im Wesentlichen: Wenn man eine Gerade auf einer Ebene nimmt und einen Punkt auf derselben Ebene, kann nur eine Gerade durch diesen Punkt gezogen werden, die nicht die erste Gerade schneidet. Lobatschewski dachte: „Was wäre, wenn wir das fünfte Postulat ändern? Etwa so: Es soll mehr als eine Gerade geben, die andere Geraden nicht schneidet, nicht eine, sondern ein ganzes Bündel.“ Das widersprach keinem der anderen Axiome Euklids. Dann ging Lobatschewski von den Axiomen weiter zu den Theoremen. Wie Euklid bewies er das Theorem für die Summe der Winkel eines Dreiecks. Aber in Lobatschewskis System von Axiomen betrug ihre Summe weniger als 180°. Punkt.
Auch andere Theoreme konnten bewiesen werden.
Es wurde deutlich, dass mit der Änderung des fünften Postulats eine weitere vollständige Geometrie möglich wurde, die nicht schlechter war als die von Euklid.
Das ist gar nicht so schwer vorstellbar. Alles, was wir tun müssen, ist, alle Punkte, Linien und Figuren nicht auf eine Ebene zu legen, sondern auf eine konkave oder konvexe Oberfläche. Selbst wenn es sich dabei um einen Pferdesattel handelt.

Nikolaj Lobatschewski

Nichteuklidische Geometrie handelt von mehreren Geraden, die durch denselben Punkt laufen und doch parallel zu einer bestimmten Geraden sind.

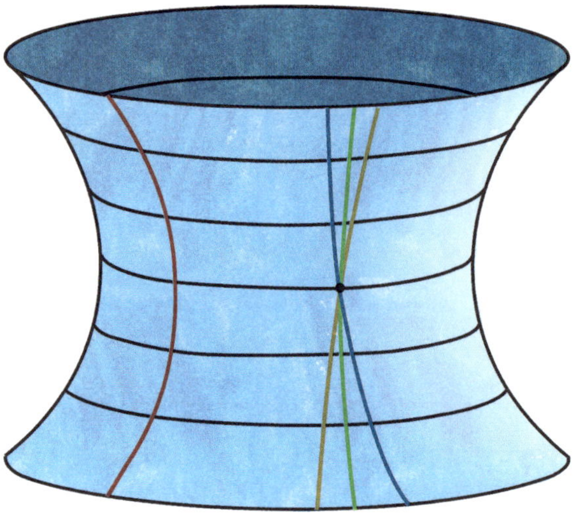

Die meisten Zeitgenossen konnten mit Lobatschewskis Entdeckungen nichts anfangen.
Sie fanden, dass ein Neudenken des fünften Postulats zu nichts gut sei und scheitern müsse.
Aber es gab auch andere, die Lobatschewskis Gedanken nahestanden. Sie lebten allerdings nicht in Russland, deshalb werden werden sie erst im nächsten Kapitel behandelt.

600 – 300 v. Chr. **Griechenland**	17. – 18. Jahrhundert **Neuzeit**	19. – 20. Jahrhundert **Moderne Mathematik**
Thales und der erste Beweis 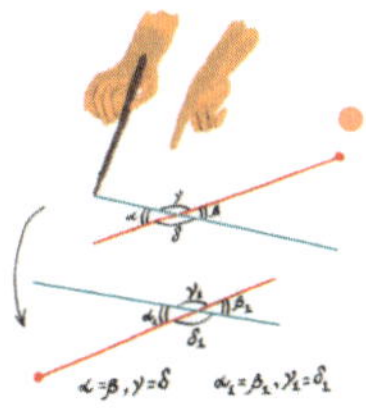	Leibniz und die universale Wissenschaftssprache 	Boolesche Algebra
Euklidische Geometrie 	Kartesisches Koordinatensystem 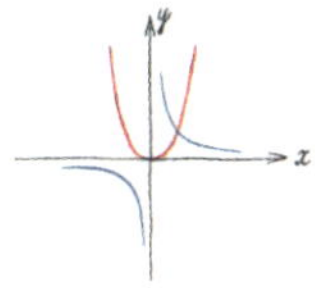	Lobatschewski und seine nichteuklidische Geometrie 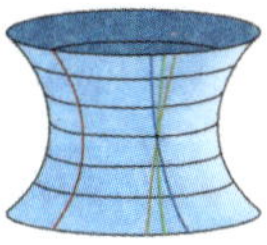 Gauß und sein Satz über gekrümmte Oberflächen 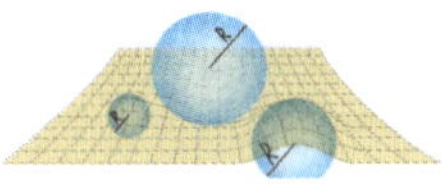
Das ptolemäische Modell des Sonnensystems 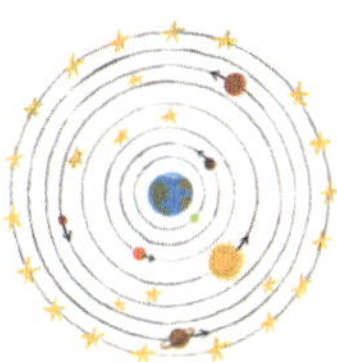	Das heliozentrische System von Kopernikus 	Einsteins Relativitätstheorie 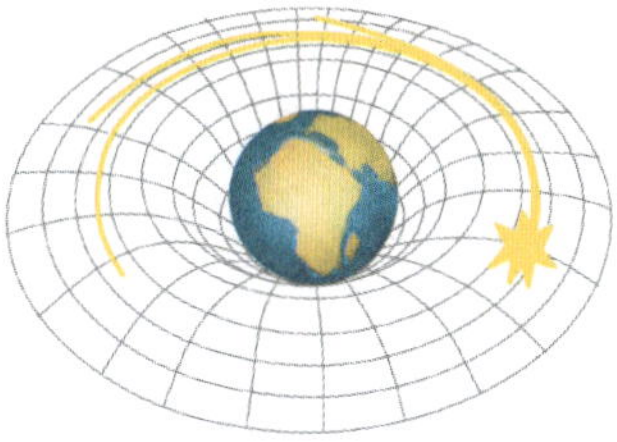
Kegelschnitte 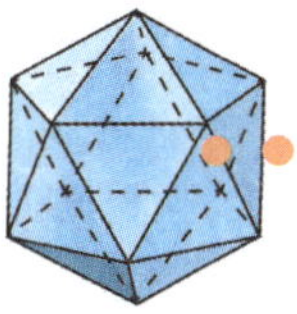 Ideale Polyeder	Keplersche Gesetze Die drei Gesetze Newtons	
Archimedes und das Volumen der Kugel Zenon und sein Pfeilparadox 	Kepler und das Volumen von Fässern 	Sofia Kowalewskaja und ihr Kreisel 
Diophant und sein Problem 	Fermatscher Satz 	Der Fermatsche Satz wird bewiesen. 

MATHEMATIK DES IMAGINÄREN

Die Geometrie von Räumen und Flächen

Carl Friedrich Gauß

Gauß lernte Russisch, um Lobatschewski lesen zu können – und weil er auch gerne Puschkin las. „Ich fand bei ihm (Lobatschewski) meine eigenen Ideen und Ergebnisse wieder, sehr elegant dargestellt, doch schwer für jemanden zu verstehen, der mit dem Thema nicht vertraut ist."

Wer das vorige Kapitel aufmerksam gelesen hat, hat sich wahrscheinlich gefragt: Wer hat denn so ähnlich wie Lobatschewski gedacht? Wer war dieser Mathematiker und wo hat er gelebt?
Nun, er lebte in Deutschland, und sein Name war Carl Friedrich Gauß. In einer Zeit, als alle anderen Wissenschaftler glaubten, dass die Welt in der Sprache der Mathematik beschrieben werden kann und dass man sich nicht durch spekulative Theorien davon ablenken lassen sollte, erkannte Gauß, dass unsere physische Welt nicht so einfach ist, wie es schien. Er war der Meinung, dass die Welt nicht ohne eine neue Geometrie beschrieben werden könne, denn die alte euklidische Geometrie reiche dafür nicht aus. Also suchte er nach einem gekrümmten Raum, auf den sich die Lobatschewskische Geometrie anwenden ließ.

Aber als gründlicher deutscher Wissenschaftler konnte Gauß es sich nicht leisten, Lobatschewskis Gedanken zu übernehmen, bevor er den endgültigen Beweis in den Händen hielt, dass unser Raum gekrümmt ist. Denn ohne Beweise wäre es schwer, die übrigen Menschen davon zu überzeugen, denn alles, womit wir zu tun haben, kommt uns völlig flach vor. Nehmen wir zum Beispiel die Erde: Dass es sich um eine Kugel handelt, wissen wir; also sollte sie nicht flach aussehen. Doch wir Menschen, die sie bewohnen, sind verglichen mit der Erde so winzig, dass wir das nicht bemerken. Als die Griechen die Entfernung zu Schiffen auf dem Meer maßen und dafür mit einem Winkel am Ufer entlangliefen, zeichneten sie ein sehr großes imaginäres Dreieck direkt auf der Oberfläche des gewölbten Bodens. Aber trotzdem verhielt es sich wie ein ganz gewöhnliches euklidisches Dreieck mit einer Summe seiner Winkel von 180°. Was soll man da erst zu all den anderen kleinen Dreiecken sagen, denen wir in unserem flachen Alltagsleben begegnen?

Zu Riemann und seiner multidimensionalen Geometrie s. S. 141

Gauß selbst brachte das natürlich nicht in Verlegenheit; er traute den alten Griechen nicht und beschloss, selbst ein Experiment zu machen, um mit eigenen Augen festzustellen, ob der Raum flach ist oder nicht.

Um dies zu tun, wählte er drei Berggipfel aus und verband sie mithilfe großer Spiegel durch das Sonnenlicht miteinander, sodass er ein riesiges Dreieck auf die Erdoberfläche zeichnete. Aber eines hatte Gauß nicht bedacht: Es war das 19. Jahrhundert, und obwohl seit den Tagen der antiken griechischen Mathematik viel Zeit vergangen war, war die Genauigkeit der Berechnungen bei solchen Experimenten noch immer sehr gering. Bei Gauß war die Summe der Winkel seines riesigen Lichtdreiecks 180° – so, als ob die Erde völlig flach wäre. Weil er also die tatsächliche Krümmung des Raums nicht feststellen konnte, verzichtete Gauß auf eine Veröffentlichung seines Experiments und darauf, für Lobatschewski einzutreten. Und da er keine Krümmung des Raums um die Erde hatte nachweisen können, wandte er sich den Oberflächen zu, die zweifellos gebogen und gekrümmt waren.

Gauß kam bald zu dem Schluss, dass die Erde zwar konvex ist, dass aber auf jedem kleineren Gebiet ihrer Oberfläche angenommen werden kann, dass sie flach ist, das heißt, dass ihre Krümmung ignoriert werden kann. Wir müssen also nicht auf Berge klettern: Alles, was wir tun müssen, ist im Geiste ein kleines Dreieck auf unseren Planeten zu zeichnen, und dann ein riesiges flaches Stück Papier an den Planeten anzulegen, und zwar so, dass es die Erde an einer der Spitzen des Dreiecks berührt.

Dann müssen wir jeden Punkt des Dreiecks im rechten Winkel auf dieses leere Stück Papier übertragen, sodass auch dort ein Dreieck entsteht. Alles, was noch zu tun bleibt, ist, die Winkel und Flächen des „konvexen" Dreiecks und des „flachen" Dreiecks zu berechnen und festzustellen, dass sie praktisch identisch sind. Die Differenz wird so gering sein, dass sie nur als eine Reihe von infinitesimalen Werten mit Tendenz zu null notiert werden kann.

Für die Fälle dagegen, in denen es wichtig ist, eine Krümmung der Oberfläche zu berücksichtigen, kam Gauß auf die Idee, ein kleines Stück einer beliebigen Oberfläche jeweils als Teil einer Kugel zu betrachten. In diesem Fall zeigt der Radius dieser Kugel den Grad der Krümmung der Oberfläche an.

Das ist für den Mathematiker nur noch ein geometrisches Problem; man muss ihm nur sagen, wie groß der Radius der Kugel im Verhältnis zu der Oberfläche ist, die sie gestaltet. Und es wird ein Leichtes für ihn sein, mit den geometrischen Figuren umzugehen, egal, ob sie eine konvexe oder eine konkave Oberfläche haben.

Jede Oberfläche hat ihre eigene interne Geometrie. Sie wird sich von der gewöhnlichen euklidischen durch ihre „Krümmungskoeffizienten" unterscheiden, das heißt Zahlen, die zeigen, wo und wie sehr eine bestimmte Oberfläche gekrümmt ist. Diese Entdeckung wird „Gaußsche Krümmung" genannt.

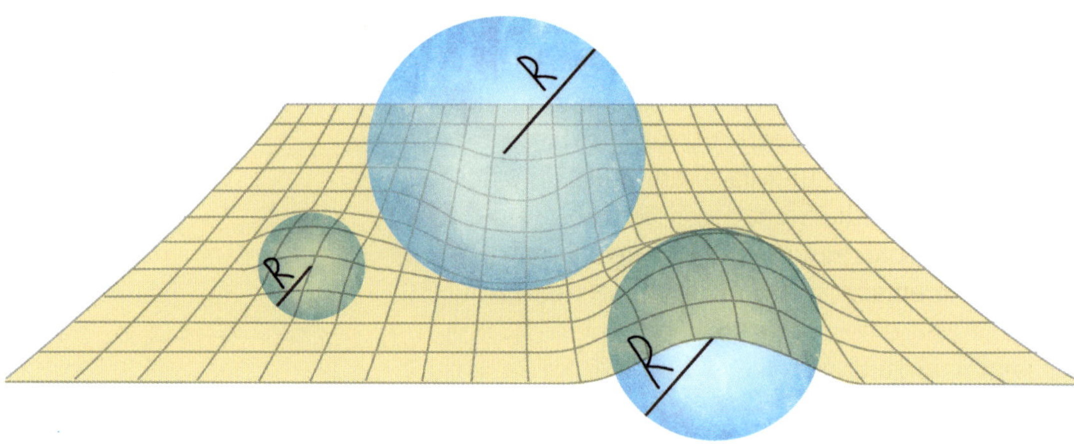

Auf einem flachen Blatt Papier gilt das, woran wir gewöhnt sind, die euklidische Geometrie. Die Geometrie ändert sich nicht und bleibt euklidisch, sogar wenn wir das Blatt zu einem Zylinder oder einem Kegel aufrollen. Dann ist seine Krümmung noch immer null. Bei einer Kugel ist das ganz anders. Ihre innere Geometrie ist nicht dieselbe wie die einer Fläche, und ihre Krümmung ist positiv.

Riemanns nichteuklidische Geometrie

Bernhard Riemann

Gauß hat zwar keine wissenschaftlichen Arbeiten über gekrümmte Oberflächen veröffentlicht, doch er teilte seine Ideen und Erkenntnisse mit seinem engsten Schüler, Bernhard Riemann. Riemann interessierte sich lebhaft für Gauß' Forschungen und ging bald selbst die Untersuchung von gekrümmten Oberflächen an. Er griff zunächst das fünfte Postulat von Euklid auf, das die Mathematiker seit der Antike so beharrlich zu beweisen versucht hatten und das Lobatschewski rundweg abgelehnt hatte.

Euklid hatte gesagt: Wenn man eine Gerade und einen Punkt nimmt, dann gibt es nur eine Gerade durch den Punkt, die die erste Gerade nicht schneidet. Lobatschewski hatte gesagt: Es ist möglich, mehrere Geraden durch diesen Punkt zu zeichnen, die die erste Gerade nicht schneiden. Riemann aber sagte: Es gibt keine einzige solche Gerade. So fügte er zur Geometrie Euklids und zur Geometrie Lobatschewskis seine eigene Riemannsche Geometrie hinzu. Wie sich später herausstellte, lieferte sie keinen schlechten Beitrag zur Beschreibung gekrümmter Flächen.

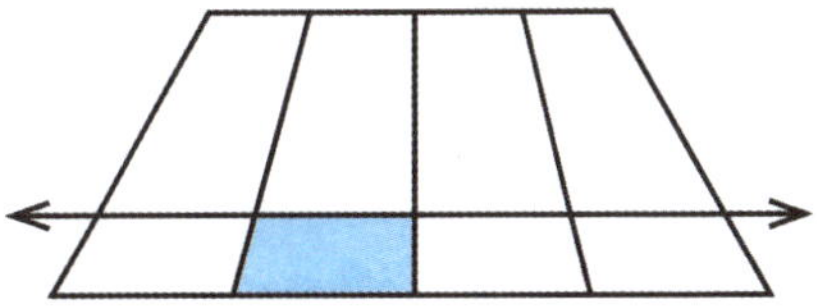

Euklidische Geometrie

Das Überraschende war, dass die neue Geometrie sich nicht daran störte, dass man sie sich nicht leicht vorstellen konnte. Riemann hatte von seinem Lehrer die Erkenntnis übernommen, dass die Mathematik der Zukunft nicht bei der Beschreibung der vertrauten flachen Welt stehen bleiben würde. Sie musste sich auch mit Dingen befassen, die nicht nur unmöglich zu zeichnen sind, sondern die niemand sich bildlich vorstellen kann. So dauerte es nicht lange, bis Riemann von zweidimensionalen Oberflächen zur Untersuchung des Raums voranschritt. Aber nicht des üblichen dreidimensionalen Raums, sondern eines mehrdimensionalen Raums. Er fand, dass solch ein Raum sehr wohl existieren kann, auch wenn er von den meisten Menschen unbemerkt bleibt.

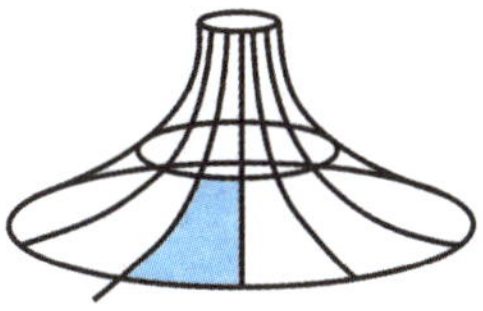

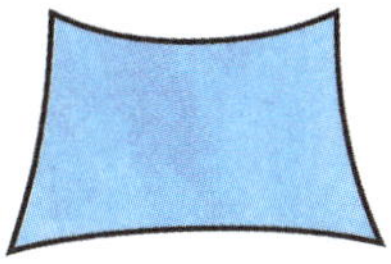

Lobatschewskische Geometrie

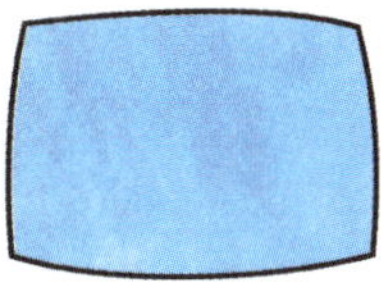

Riemannsche Geometrie

Diese kühne Idee kam bei allen sehr gut an. In erster Linie allerdings nicht bei den Mathematikern, sondern bei den Schriftstellern. H. G. Wells stellte sich vor, dass die vierte Dimension die Zeit sein muss, und dass man dort beliebig weit vor- und zurückgehen kann. Er schrieb den Roman „Die Zeitmaschine", in dem ein Zeitreisender sich in eine ferne Zukunft begibt. Vorher hatte sich niemand vorstellen können, dass es möglich sein könnte, durch die Zeit zu reisen, und zwar nicht nur mit der Geschwindigkeit des normalen Lebens vorwärts, sondern mit beliebiger Geschwindigkeit sowohl vorwärts als auch rückwärts. Bis zum Beginn des 20. Jahrhunderts konnten die Menschen von einer vierten und von möglichen weiteren Dimensionen nur träumen.

Einstein: Die ganze Physik ist Geometrie

Doch dann kam ein neuer brillanter Wissenschaftler ins Spiel – ein Deutscher namens Albert Einstein –, der die Mathematik ein gutes Stück voranbrachte.
Einstein störte sich daran, dass Newton in seiner Theorie der Gravitation die Schwerkraft selbst nicht erklären konnte und nur darüber spekuliert hatte, was oder wer sie vielleicht erzeugte. Es ist sehr gut möglich, dass es diese Unklarheit war, die Einstein zu der Überzeugung brachte, dass die Newtonsche Theorie unvollständig war. Einstein beschloss, sie mit seinen eigenen Überlegungen zu ergänzen, die als Relativitätstheorie bekannt wurden. Einstein argumentierte, dass das, was wir als Schwerkraft erleben, ausschließlich auf die Krümmung des Raums zurückzuführen ist, in dem wir uns befinden. Wenn wir die Lichtstrahlen genau beobachten, die von fernen Sternen auf die Erde fallen, stellen wir fest, dass sie von ihrem geraden Weg abgelenkt werden, wenn sie die Sonne passieren.

Wir könnten nun vermuten, dass die Sonne den Lichtstrahl anzieht. Aber das ist nicht der Fall, denn das Licht, also die Photonen, haben keine Masse und sind daher nicht der Schwerkraft unterworfen.

Die einzige Erklärung, die bleibt, ist die: Die Strahlen reisen in einer geraden Linie, aber der Raum selbst krümmt sich neben der riesigen Sonne, und mit ihm müssen auch sie sich krümmen. Wenn wir uns eine ausgespannte Fläche vorstellen und dann im Geiste eine schwere Kugel darauf fallen lassen, wird die imaginäre Fläche unter dem Gewicht der Kugel durchhängen; und damit werden alle Linien gekrümmt, die auf die Fläche gezeichnet worden sein könnten. Das Gleiche gilt für den Raum im Umkreis der Sterne und Planeten. Und wie die mathematischen Probleme für diese Art von gekrümmtem Raum zu lösen sind, hatte Riemann herausgefunden, – lange bevor klar wurde, dass seine Theorie nützlich sein würde, um das Universum zu beschreiben.

Die Relativitätstheorie: Das Gefühl der Schwere ist in unserem Leben stets präsent als Gefühl für unser eigenes Gewicht und für die Dinge um uns herum. Die Schwerelosigkeit im freien Fall zu erleben, kann uns für kurze Zeit erfahren lassen, was die Abwesenheit der Schwerkraft für uns bedeuten würde. Im Weltraum würden wir dies dauerhaft erleben.
Und die Beschleunigung durch die Schwere selbst ist auf die Krümmung des erdnahen Weltraums zurückzuführen.

Aber was noch erstaunlicher ist: Unser Raum ist vierdimensional! Und die vierte Dimension ist die Zeit. Aber weil Krümmungen der Zeit noch schwieriger vorstellbar sind als Krümmungen des Raums, und Raum und Zeit sich gemeinsam krümmen, schlug Einstein vor, sie nicht zu trennen und von ihr als einer einzigen Raumzeit zu sprechen oder von einem Raum-Zeit-Kontinuum.

Die Krümmung der Zeit wird deutlich, wenn man sehr genaue Uhren auf der Erde und im Weltraum vergleicht. Auf der Oberfläche unseres massereichen Planeten ist die Raumzeit stärker gekrümmt ist als im Raum, und es dauert länger, sich auf einer gekrümmten Strecke zu bewegen als auf einer geraden. Das heißt, dass die Uhren auf der Erde kosmischen Uhren immer ein wenig hinterherhinken werden.

Neue Algebren

Im 19. Jahrhundert entstanden nicht nur neue Geometrien, sondern auch neue Algebren. Waren die alten Algebren völlig nutzlos geworden? Ja, das ist genau das, was passiert ist. Die alten Ägypter und die Babylonier konnten einfache quadratische Gleichungen lösen. In einem mittelalterlichen mathematischen Duell entdeckte Tartaglia eine allgemeine Formel zur Lösung von Gleichungen dritten Grades, und Cardano fügte dem noch eine allgemeine Methode zur Lösung von Gleichungen vierten Grades hinzu. Ein Triumph der Algebra! Doch dann vergingen zweieinhalb Jahrhunderte ohne jeglichen Fortschritt.
Und 1825 stellte sich heraus, dass für Gleichungen fünften, sechsten, siebten oder achten Grades und so weiter keine Formel gefunden werden kann. Nicht in dem Sinne, dass es niemand kann, sondern in dem Sinne, dass es bewiesenermaßen unmöglich ist.
Natürlich lag es in dieser Situation nahe, eine andere Algebra erfinden und es mit ihr zu versuchen.

George Boole

Die Boolesche Algebra ermöglicht die Lösung logischer Probleme mithilfe der Algebra.

Die Erfindung einer neuen Algebra war etwas, worüber schon Leibniz im 17. Jahrhundert nachgedacht hatte. Ganz im Geiste seiner Zeit träumte er davon, die Sprache der Mathematik zur Lösung aller möglichen Probleme zu verwenden und nicht nur solcher, die in Zahlen ausdrückbar waren. Aber bevor seine Träume verwirklicht wurden, musste noch einige Zeit vergehen – bis zu dem englischen Mathematiker George Boole.

Zu den Computern s. S. 153

Die von ihm erfundene Algebra ist auch als mathematische Logik bekannt. In ihren Gleichungen stehen die Xe und Ys nicht für Zahlen, sondern für Aussagen, und Einsen und Nullen werden verwendet, um eine Aussage als wahr oder falsch zu bezeichnen.
Zum Beispiel bedeutet $x = 1$, dass die Aussage x (z. B. „In Eiscreme ist viel Zucker.“) wahr ist. Und $y = 0$ bedeutet, dass die Aussage y (z. B. „In Eiscreme sind viele Heringe.“) falsch ist. Genau wie in der gewöhnlichen Algebra gilt auch in der mathematischen Logik, dass man mit x und y die bekannten Operationen von Addition und Multiplikation durchführen kann. Wenn wir zwei Aussagen haben, können

wir sie „addieren“, indem wir sie durch das Bindewort „oder“ verbinden. Das Ergebnis ist eine Aussage, die wahr ist, wenn mindestens eine der Aussagen wahr ist, und nur dann falsch, wenn beide Aussagen falsch sind. Die arithmetischen Gesetze sind hier ähnlich, aber nicht genau dieselben wie in der Algebra.

$1 + 0 = 1$

$0 + 0 = 0$

$1 + 1 = 1$ (Weil es keine Zweien gibt.)

Zwei Aussagen können auch durch das Bindewort „und“ „multipliziert“ werden. Das Ergebnis wird eine Aussage sein, die wahr ist, wenn beide Aussagen wahr sind. Oder falsch, wenn mindestens eine der Aussagen falsch ist.

$1 \times 0 = 0$

$0 \times 0 = 0$

$1 \times 1 = 1$

Solange wir nur wenige (zum Beispiel zwei) Aussagen haben, ist dies leicht nachzuvollziehen. Es ist jedoch so auch möglich, sehr komplexe Aussagen zu berechnen, die ihrerseits aus vielen Aussagen bestehen.

Mengenlehre

Aber die neue Algebra wäre nicht so gut gewesen, wenn es nur um Eiscreme gegangen wäre. Schließlich sollte sie alle möglichen Probleme lösen, allen voran abstrakte Paradoxe, die nichts mit dem Alltagsleben zu tun haben. Dabei war eine von dem deutschen Mathematiker Georg Cantor gemachte Entdeckung eine große Hilfe. Er war der Erste, der erkannte, dass Algebra nicht nur mit Zahlen oder Aussagen möglich ist, sondern auch mit Mengen. Cantor erkannte, dass Mengen ähnlich wie Zahlen miteinander verglichen werden können, z. B. um herauszufinden, welche von ihnen größer ist. Und die einfachste Art, dies zu tun, wurde schon von den Menschen der Vorzeit erfunden, die Fische und Messer nebeneinanderlegten, um sicherzustellen, dass es für jeden wertvollen Gegenstand ein Gegenstück zum Tausch gab.

Es gibt natürlich auch eine viel modernere Art des Vergleichs: nämlich alle Artikel in der jeweiligen Menge zu zählen. Aber überraschenderweise ist diese Methode weit weniger perfekt. Denn das Problem dabei ist, dass es neben endlichen Mengen (die eine endliche Anzahl von Elementen haben) auch unendliche Mengen gibt.

Schon die Menschen der Vorzeit wussten, wie man positive ganze Zahlen addiert und multipliziert. Das ging mit diesen Zahlen gut. Aber um von einer kleineren Zahl eine größere subtrahieren zu können, brauchte man negative Zahlen, wie sie unabhängig voneinander der Grieche Diophantos und die alten Chinesen erfunden haben. Die Operation, die die Umkehrung der Multiplikation ist – die Division –, machte die Einführung von Brüchen zusätzlich zu den ganzen Zahlen nötig, was bereits bei den alten Ägyptern geschah.

Die andere Umkehrung der Multiplikation ist das Ziehen der Wurzel aus einer Zahl. Dabei können Zahlen auftreten, die nicht in Brüchen ausgedrückt werden können – irrationale Zahlen. Und wenn man die Wurzel aus jeder beliebigen Zahl ziehen können soll, müssen wir die Menge der Zahlen um die imaginären Zahlen erweitern – um die Wurzeln von negativen Zahlen. Diese Zahlen haben sich als nützlich erwiesen für die Gleichungen dritten Grades von Cardano. Und wie soll das weitergehen?

Im 19. Jahrhundert benannte Gauß die imaginären Zahlen in komplexe Zahlen um und erklärte: Um absolut jede algebraische Gleichung, die aus Zahlen und Unbekannten besteht, mithilfe von Addition, Multiplikation und Potenzierung lösen zu können, werden keine neuen Zahlen benötigt. Die bekannten sind völlig ausreichend! Dies wird heute der Fundamentalsatz der Algebra genannt.

Nehmen wir zum Beispiel an, es handelt sich um die Menge von Sandkörnern im Universum. Sieht es nicht so aus, als könnten das unendlich viele sein? Zahlen gibt es auch unendlich viele. Können wir nicht alle diese unendlichen Sandkörner mit unseren unendlich vielen Zahlen zählen? Alles, was wir dafür brauchen, ist doch nur eine gewisse Sturheit und unendlich viel Zeit. Cantor hat jedoch bewiesen, dass es Mengen gibt, die sogar noch mehr Elemente enthalten als alle ganzen Zahlen bis ins Unendliche. Nehmen wir z. B. die Menge der unendlich vielen Folgen, die nur aus Nullen und Einsen bestehen. Es ist klar, dass es unendlich viele von ihnen gibt. Aber ist es möglich, sie abzuzählen? Auf den ersten Blick scheint es keine große Aufgabe zu sein, aber in Wirklichkeit ist es unmöglich. Wenn wir versuchen, alle diese unendlich viele Zahlen in einer großen Spalte untereinander zu schreiben, müssten wir sie nur noch der Reihe nach abzählen. Aber wie können wir sicher sein, ob nicht eine Folge aus dieser großartigen Aufreihung entkommen ist und sich irgendwo versteckt? Um dies zu herauszufinden und wenn nötig die flüchtige Folge zu lokalisieren, müssen wir die Methode von Georg Cantor anwenden.

Georg Cantor

Es gibt Mengen, die zu groß sind, um abgezählt werden zu können

Jede Folge beginnt entweder mit der Ziffer 0 oder der Ziffer 1. Die zweite Ziffer ist ebenfalls entweder 0 oder 1. Wenn eine flüchtige Folge gefunden wird, wird sie sich von allen Zahlen in der Spalte in mindestens einer Ziffer unterscheiden. Nehmen wir zum Beispiel an, dass sie sich von der ersten Zahl mit ihrer ersten Ziffer unterscheidet (wenn die erste Ziffer der ersten Zahl 1 ist, beginnt die flüchtige Zahl mit 0), von der zweiten Zahl mit der zweiten, von der dritten mit der dritten, von der vierten mit der vierten und so weiter. Jetzt können wir die flüchtige Zahl auf einem separaten Blatt Papier aufschreiben.
Sie wird unendlich lang sein, und sie wird nicht in der Spalte mit den anderen Zahlen stehen, weil sie sich von jeder dieser Zahlen um mindestens eine Ziffer unterscheidet. Und wie viele solcher flüchtigen Zahlen mag es noch geben? Kurz: Es stellt sich heraus, dass eine unendliche Menge von unendlichen Folgen, die aus Nullen und Einsen bestehen, nicht abzählbar ist.

1. 0 1 0 0 1 ...
2. 1 0 1 1 0 ...
3. 0 1 1 1 0 ...
4. 0 0 0 1 0 ...
5. 1 1 0 1 1 ...

die flüchtige Folge

1 1 0 0 0 ...

In der Mathematik gibt es viel Unendliches, doch in unserer physischen Welt gibt es nichts Unendliches. Man möchte ja sagen, dass es im Universum unendlich viele Sandkörner gibt, doch jeder Physiker wird einwenden: „Es gibt so viele Sandkörner wie es Sandkörner gibt, und das ist eine bestimmte Zahl." Und der Physiker hat recht.

Es zeigt sich, dass alle mathematischen Gesetze, die für Mengen gelten, auch in der mathematischen Logik funktionieren. Nehmen wir etwa die Aufgabe: „Jeder zweite ältere Mann isst jeden Tag ein Erdbeertörtchen. Außerdem wird jeden Tag ein Viertel aller Erdbeertörtchen von älteren Männern gegessen. Stelle fest, wovon es mehr gibt: von älteren Männern oder von Erdbeertörtchen. Und wie viel Mal mehr?"
Jeder, der dieses Rätsel lösen möchte, wird zunächst feststellen, dass es sich um zwei Mengen handelt: die Menge von älteren Männern und die Menge der Erdbeertörtchen.

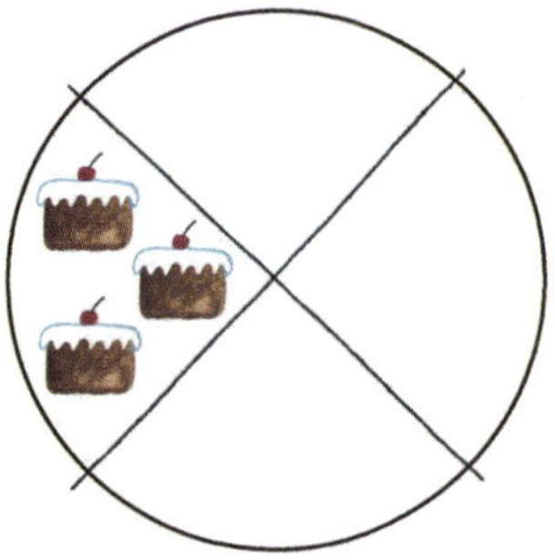

Eine andere Sache ist, dass die Cantorsche Mengenlehre nicht nur einen neuen mathematischen Mechanismus mit sich brachte, sondern auch einige schwer lösbare Probleme. Zum Beispiel das „Barbier-Paradox". Es ist allgemein bekannt, dass der Barbier die Bärte all derer schert, die sich nicht selbst den Bart scheren. Aber gehört der Barbier zur Menge der Menschen, die sich nicht selbst den Bart scheren? Wenn er in dieser Menge enthalten ist, schert er sich den Bart nicht selbst und ist deshalb verpflichtet, sich den Bart zu scheren. Ein Paradox! Und wenn nicht zutrifft, dass er sich selbst den Bart schert, ist auch die Aussage falsch, dass er nur denjenigen den Bart schert, die sich nicht selber den Bart scheren.

Die Kontinuumshypothese

Zu Beginn des 20. Jahrhunderts waren Mathematiker in einer Vielzahl von Bereichen der Wissenschaft aktiv. Die einen interessierten sich für neue Geometrien, andere für neue Algebren, wieder andere für Mechanik und noch einmal andere für die mathematische Analysis. Wenn es so weitergegangen wäre, hätte es keine einheitliche mathematische Wissenschaft mehr gegeben. Um alles Wissen zusammenzuführen und zu vereinheitlichen, wurde deshalb beschlossen, alle vier Jahre einen internationalen Mathematikkongress abzuhalten – eine Art große Teeparty, bei der Mathematiker aus der ganzen Welt ihre Probleme diskutieren konnten.

Einer der ersten Kongresse fand im Jahr 1900 in Paris statt. Den Vorsitz hatte Henri Poincaré, der Erfinder der Topologie, und 226 Mathematiker diskutierten sechs Tage lang ununterbrochen. Der Höhepunkt aber war die Grundsatzrede von David Hilbert. Wie auch Poincaré unterschied sich dieser Wissenschaftler von der Mehrheit des Publikums dadurch, dass er sich für alle Bereiche der Mathematik gleichzeitig interessierte.

Hilbert erklärte das Thema seines Vortrags so: „Eine mathematische Theorie ist nicht eher als vollkommen anzusehen, als bis du sie so klar gemacht hast, dass du sie dem ersten Manne erklären kannst, den du auf der Straße triffst." Ein mathematisches Problem muss klar und einfach zu verstehen und doch schwierig genug sein, um unser Interesse zu wecken; aber es darf auch nicht so unzugänglich sein, dass unsere Bemühungen hoffnungslos sind.

Und in jedem von ihnen hatte er ein solides Wissen. Dies ermöglichte es ihm, die Stimmen seiner Kollegen zu vereinen und die grundlegenden Probleme zu formulieren, die die Mathematik noch nicht zu lösen vermocht hatte. Es gab 23 solcher Probleme, und Hilbert veranschlagte 100 Jahre, um sie zu lösen.
Eine ziemlich lange Zeit, gewiss, aber es waren auch gewaltige Probleme. Sehen wir uns nur das ersten auf der Liste an. Es bezieht sich auf die Mengenlehre, mit der wir bereits vertraut sind, und kann wie folgt formuliert werden: Kann eine unendliche und nicht abzählbare Menge größer sein als eine andere? Und gibt es folglich irgendetwas zwischen abzählbaren Mengen und nicht abzählbaren Mengen?

Georg Cantor, der große Experte für Mengen, bewies: Ja, eine unendliche und nicht abzählbare Menge kann größer sein als eine andere unendliche und nicht abzählbare Menge. Er stellte jedoch die Hypothese auf, dass es keine Zwischendimension gibt. Diese Hypothese wurde durch den österreichischen Mathematiker und Freund Einsteins, Kurt Gödel, bewiesen. Und ein sehr viel genauerer Beweis wurde mehr als 60 Jahre später gefunden. Es stellte sich darin heraus, dass die Existenz von etwas zwischen den beiden Arten von Mengen weder bewiesen noch widerlegt werden kann.
Wenn man davon ausgeht, dass es etwas dazwischen gibt, dass sich kein Widerspruch ergibt, funktioniert die Mengentheorie ganz normal. Wenn wir davon ausgehen, dass es nichts dazwischen gibt und sich ebenfalls kein Widerspruch ergibt, funktioniert die Mengenlehre ebenfalls. Genau die gleiche Situation wie mit den parallelen Geraden von Euklid.

Jeder, der bis hierher gelesen hat, wird sich nicht mehr darüber wundern, dass Mathematiker oft ein trauriges Bild abgeben. Noch vor kurzer Zeit sah es so aus, als stünden universelle Theorien unmittelbar vor der Tür, als könnte alles in der Sprache der Mathematik beschrieben werden. Doch am Ende heißt es, dass einige Hypothesen weder bewiesen noch widerlegt werden können.
Es stellt sich heraus, dass es möglicherweise weder universelle Theorien gibt noch eine einzige universelle Mathematik geben kann.

Kurt Gödel

1931 stellte Gödel seinen Unvollständigkeitssatz der Welt vor. Früher ging man davon aus, dass jede mathematische Behauptung auf der Grundlage der Regeln der Mathematik selbst bewiesen oder widerlegt werden kann. Gödel setzte dagegen: „Nein! Es gibt Aussagen, die nicht verifiziert werden können." Den Mathematikern wird also nie ein vollständiges System von Axiomen zur Verfügung stehen.
Der Fall, in dem dieselbe Aussage sowohl wahr als auch falsch sein kann, nannte Gödel Unbeweisbarkeit und erklärte feierlich, dass die Unmöglichkeit einer Unbeweisbarkeit nicht bewiesen werden kann.

Zum ersten Mal wurde nachgewiesen, dass eine Aussage gleichzeitig wahr und falsch sein kann.

Möbius-Band und Klein-Flasche

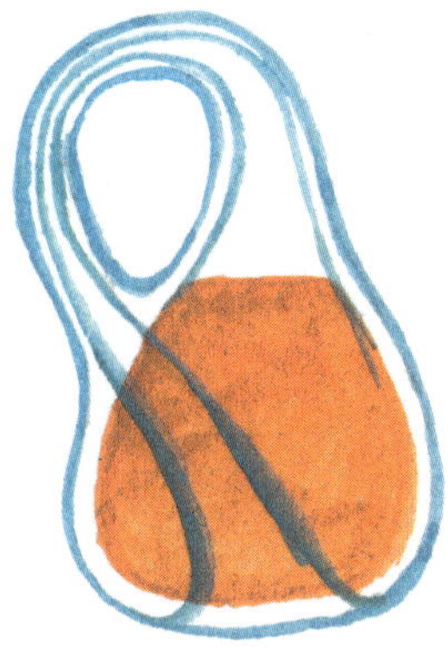

Beispiele für erstaunliche Oberflächen:
Sowohl das Möbius-Band als auch die Klein-Flasche haben nur eine Oberfläche.

Die Poincaré-Vermutung

Henri Poincaré, der Präsident des Pariser Kongresses von 1900, formulierte im Jahr 1904 die folgende Hypothese: „Wenn ein Ding keine Ränder hat, von denen man fallen kann (das heißt, dass es unendlich ist) ... wenn man von einem Ort dieses Dings zu jedem anderen gelangen kann (das heißt, das Ding besteht aus einem einzigen Stück) ... und wenn durch das Ding kein Loch geht, dann kannst du das Ding nach dem Rezept von Euler mit dem Hammer bearbeiten und es dann immer noch zu einer Kugel aufblasen, ohne seine Eigenschaften zu ändern. Diese Hypothese kann jeder mit einem Stück Knete oder einem Kaugummi selbst testen." Bei der Poincaré-Vermutung ging es aber nicht nur um zweidimensionale Oberflächen und unseren dreidimensionalen Raum, sondern auch den vierdimensionalen Raum und alle weiteren mehrdimensionalen Räume. Und darin liegt die Kühnheit dieser Vermutung. Und was noch wichtiger ist: in den Worten, die Poincaré zur Beschreibung seines „Dings" verwendet, können wir unser Universum beschreiben – und darauf wollte Poincaré hinaus.

Gegen Ende des 20. Jhs waren die meisten Probleme auf Hilberts Liste gelöst. Freilich bedeutete „Lösung des Problems" nicht mehr ganz dasselbe wie in den Tagen, als die Mathematik einheitlich war und es immer nur eine Antwort gab. Die Probleme auf der Hilbert-Liste wurden durch neue ungelöste ersetzt. Sie wurden im Jahr 2000 ausgewählt, und die Aufforderung, sie zu lösen, wurde „Millennium Challenge" oder „Million Dollar Challenge" genannt, weil so viel der Person versprochen wurde, die es schaffte, wenigstens eines zu lösen. Wie etwa: „Kann der Prozess des Lösens eines Problems weniger Zeit erfordern als herauszufinden, ob die Lösung korrekt ist, vorausgesetzt, dass es keine Rolle spielt, wie die Richtigkeit der Antwort überprüft wird?"

Für einige sehr wichtige Probleme wurde noch keine andere Lösung gefunden als die, alle möglichen Antworten auszuprobieren (stell dir einfach vor, du hast die PIN für dein Smartphone vergessen).

Aber die Wissenschaftler haben die Hoffnung noch nicht aufgegeben und zerbrechen sich auch weiterhin den Kopf. Sie wollen beweisen, dass alle Probleme schneller gelöst werden können als mit der Methode, endlos Lösungsvarianten auszuprobieren. Aber vielleicht wird sich im Gegenteil herausstellen, dass es einige Probleme gibt, die nur in einer sehr langen Zeit und nur mit endlos vielen Varianten gelöst werden können.
Bislang wurde nur eine der „Millennium Challenges" gelöst: nämlich eben die Poincaré-Vermutung. Sie wurde 2002 von dem russischen Mathematiker Grigori Perelman bewiesen.
Er lehnte jedoch die Million Dollar mit den Worten ab, dass andere Mathematiker einen ebenso großen Beitrag zur Lösung des Problems geleistet hätten.

Grigori Perelman

Fields-Medaille

+ 1 000 000 $

Der große Fermatsche Satz lässt den Mathematikern seit mehr als drei Jahrhunderten keine Ruhe. Was es hier zu beweisen gilt, ist jeder Schülerin und jedem Schüler klar: Für die Gleichung $a^n + b^n = c^n$, wobei n ein Exponent jeden Grades sein kann und größer ist als 2, ist es unmöglich, im Ergebnis auf ganze Zahlen zu kommen.
Der Beweis erforderte, Konzepte und Theoreme aus verschiedenen Bereichen der Mathematik zu kombinieren, und all dies wurde von englischen, japanischen, deutschen, französischen und amerikanischen Mathematikern im Laufe des 20. Jahrhunderts erfunden und bewiesen. Den letzten Schritt machte 1994 der Engländer Andrew Wiles. Mit der Untersuchung elliptischer Kurven bewies er, dass diese dasselbe sind wie die völlig unvorstellbaren „Dinge" (modulare Formen) Poincarés. Zu dieser Zeit hatten andere Mathematiker in einer gemeinsamen Anstrengung bereits eine Verbindung zwischen elliptischen Kurven und dem Fermatschen Satz hergestellt: Eine elliptische Kurve, die möglicherweise zur Lösung der Gleichung führen würde, ist etwas, für das keine modulare Form gefunden werden kann.
Nicht, dass dieses Ergebnis eine Revolution der Wissenschaft war. Aber überleg mal, wie viele Probleme die Menschheit in 360 Jahren bei der Bemühung gelöst hat, den „wunderbaren Beweis" für einen Satz zu finden, den Fermat angeblich nicht mehr am Rand seines Buches unterbringen konnte.

Großer Fermatscher Satz
$a^n + b^n = c^n$
bewiesen!

Andrew Wiles

Goro Shimura

Yutaka Taniyama

16.–18. Jahrhundert

Neuzeit

Newton und die Gravitation

Die Graphen Eulers

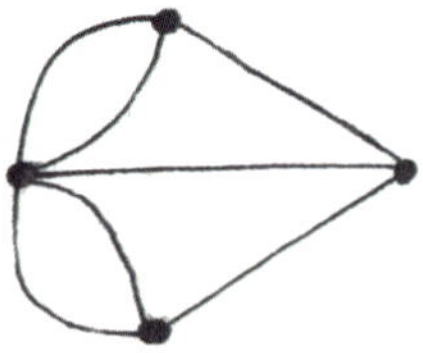

Descartes' Koordinatensystem

Tartaglia und die imaginären Zahlen

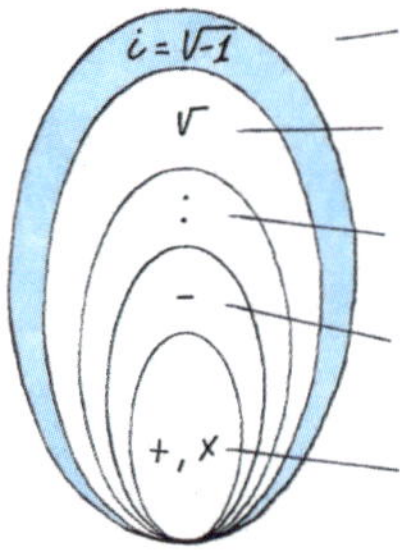

19.–20. Jahrhundert

Zeitgenössische Mathematik

Einsteins Relativitätstheorie

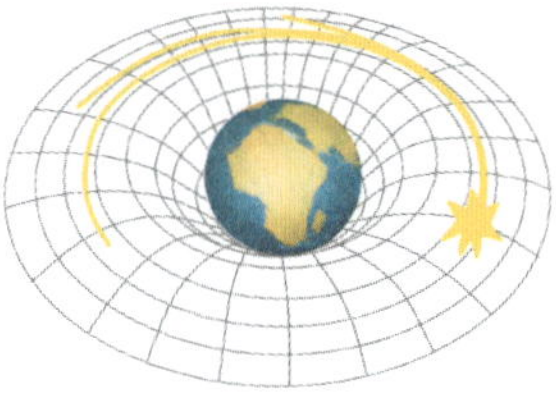

Poincaré-Vermutung

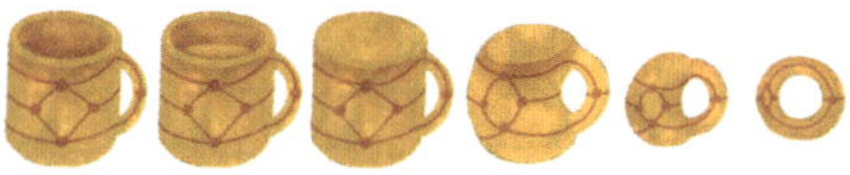

Lobatschewskis nichteuklidische Geometrie

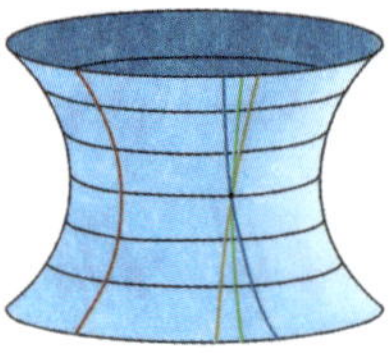

Gauß und die gekrümmten Oberflächen

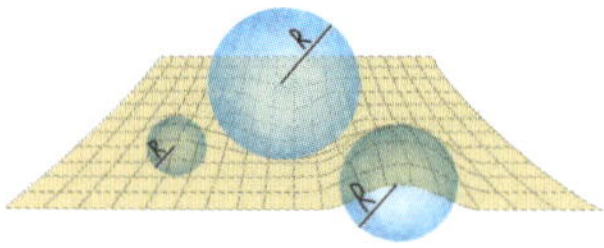

Gauß' komplexe Zahlen

Perelman und die Gestalt des Universums

Riemann und seine mehrdimensionalen Räume

MATHEMATIK IN COMPUTERN

Der erste Computer und die erste Programmiererin

Die Idee, dass ein Wissenschaftler seine Zeit nicht mit langwierigen Berechnungen verschwenden sollte, ist nicht ganz neu. Als Leibniz seine Rechenmaschine baute, hatte er bereits erkannt, dass man eine Rechenmaschine braucht und außerdem eine universelle Sprache, um sich mit ihr zu verständigen. Unabhängig voneinander hatte er sogar zwei Erfindungen gemacht: die Rechenmaschine und den Binärcode. Alles, was noch zu tun war, war, beide zu kombinieren.
Später interessierte sich auch der englische Mathematiker George Boole für eine universelle Sprache, doch mit einer Rechenmaschine hat er sich nie befasst.

Der Engländer, der den ersten Computer entwickelte, war Charles Babbage, und er hatte die Idee, als er im Jahre 1819 in Frankreich unterwegs war. Weil es zu dieser Zeit noch keine Computer gab, aber es schwierig und mühselig war, alle Berechnungen immer wieder von Neuem auszuführen, waren die Franzosen darauf gekommen, Tabellen mit den fertigen Resultaten der häufigsten Rechenoperationen zu drucken. Fast wie die alten Babylonier, nur dass die Arithmetik inzwischen komplexer geworden war.
Babbage fand dies empörend: Warum sollten Wissenschaftler sich damit beschäftigen, solche Tabellen zu erstellen statt eine Maschine zu erfinden, die alle Operationen ausführte und am Ende die Tabellen ausdruckte?

Babbages erste Rechenmaschine konnte nur Tabellen drucken, deren Berechnungsweg fest in der Maschine eingebaut war und von Anfang an unverändert blieb. Es war nicht möglich, das Programm in der Maschine zu ändern, aber Babbage war trotzdem stolz auf seine Erfindung. Wenn er Besuch hatte, zeigte er ihnen als Erstes seinen „Computer", ganz gleich, wer die Gäste waren.

Die Rechenmaschine von Charles Babbage

Als Babbage Besuch von einer jungen Frau bekam, nämlich von Ada Lovelace, der Tochter des berühmten Dichters Lord Byron, führte er sie wie üblich zu seiner Rechenmaschine. Und dann geschah etwas völlig Unerwartetes. Ada Lovelace interessierte sich für diesen „Computer"! Ihr Interesse galt weniger den lustigen Bewegungen der Zahnräder in der Maschine als der Arbeitsweise der Rechenmaschine. Für Babbage selbst waren seine „Computer" mehr in technischer Hinsicht als vom wissenschaftlichen Standpunkt aus interessant. Für ihn ging es nicht darum, die Grundlagen der Funktionsweise eines „Computers" zu entwickeln. Eine universelle Sprache für die Kommunikation mit Computern war für ihn unwichtig.

Ada Lovelace

Aber es war dieser Aspekt der Sache, der Ada Lovelace interessierte. Sie hatte sich eingehend mit Mathematik beschäftigt und beschrieb nach einiger Zeit nicht nur eine „analytische Maschine", sondern entwickelte auch einige Programme für sie und wurde damit zur weltweit ersten Programmiererin. Sie führte auch Begriffe ein wie „Arbeitsspeicher" oder „Schleife" für ein Programm, das sich immer und immer wiederholt.
Leider wurde die „analytische Maschine" nie gebaut, und die Programme von Ada Lovelace wurden nie ausgeführt. Nichtsdestoweniger begann die Computerisierung des Planeten Eigentlich schon damals, in der ersten Hälfte des 19. Jahrhunderts, durch die Bemühungen zweier Menschen.

Babbage zeigte Ada nicht nur alles an seiner Rechenmaschine, sondern auch die Entwürfe für eine viel komplexere Maschine – einen echten programmierbaren Computer oder „analytic device" (analytische Maschine), wie sie ihr Erfinder nannte. Mithilfe von Lochkarten (die Idee hatte er von einem automatischen Webstuhl übernommen) hatte er in die Maschine ein einfaches Programm eingegeben, das genaue Befehle für bestimmte Rechenoperationen gab. Und angetrieben von einer Dampfmaschine sollte sie sie ausführen.

Ein großer Theoretiker

Von da an eroberten Computer allmählich ihren Platz in der Welt. Die meisten von ihnen waren Rechenmaschinen, die zuerst mechanisch, dann elektrisch betrieben wurden. Aber sie mussten der Menschheit erst noch ihre Wichtigkeit und Unverzichtbarkeit beweisen.

Die Gelegenheit dazu bot sich nach dem Ausbruch des Zweiten Weltkriegs. Damals wurden Computer zur Verschlüsselung von Nachrichten verwendet, und für die Kriegsparteien war es von lebenswichtiger Bedeutung, die ausgetauschten Informationen abfangen und entschlüsseln zu können.

Dies war die einzige Möglichkeit zu erfahren, von wo ein Angriff zu erwarten war.

Einer derjenigen, der an der Entschlüsselung verschlüsselter Nachrichten beteiligt war, war der englische Mathematiker Alan Turing. Er hatte sich schon in Friedenszeiten für Computer interessiert und sogar seinen eigenen erfunden, die „Turing-Maschine". Aber die war kein technisches Projekt, sondern eine mathematische Abstraktion. Die Maschine konnte jede beliebige Folge von Aktionen (also ein beliebiger Algorithmus) sein, die zum Lösen eines beliebigen mathematischen oder logischen Problems benötigt werden.

Beim Nachdenken über Computerprogramme erkannte Turing, dass ein und dasselbe Programm auf einer Vielzahl von verschiedenen Computern laufen kann: Es ist in ihrem Gedächtnis gespeichert und bestimmt ihr Verhalten. Aber das war zunächst nur eine Theorie. Denn bis zu Fernsehgeräten und Waschmaschinen, die mit denselben Mikrochips arbeiten, war es noch lange hin.

Bei der Arbeit in einer Gruppe von englischen Mathematikern, die versuchten, abgefangene Nachrichten der Deutschen zu entschlüsseln, erkannte Turing, dass die Chiffren des Gegners nur von einer Maschine geknackt werden konnten. Schließlich benutzten die Deutschen selbst eine Chiffriermaschine, außerdem änderten sie die Verschlüsselung alle 24 Stunden. In 24 Stunden hatten die Briten nicht den Hauch einer Chance auf Entschlüsselung ohne die Hilfe einer Rechenmaschine. Und eine solche „Entschlüsselungsmaschine" wurde gebaut. Sie nahm nur wenig Raum ein, wog zweieinhalb Tonnen und erfüllte ihre Aufgabe.

Alan Turing

Können Computer denken?

Nach einem solchen Triumph gab es keinen Zweifel mehr daran, dass die Zukunft dem Computer gehört. Davon inspiriert stellte Turing die Frage: „Kann ein Computer denken?", und erfand den „Turing-Test", einen Test, um festzustellen, ob ein Computer überzeugend genug vorgeben kann, ein Mensch zu sein, um seinen menschlichen Gesprächspartner zu täuschen. Ein Mensch interagiert mit einem Computer und einer menschlichen Person. Auf der Grundlage der Antworten auf seine Fragen muss er sich entscheiden, ob er nun mit einem Menschen oder einem Computerprogramm gesprochen hat.

Damals waren solche Experimente vielleicht verfrüht, aber heute ist allenthalben von der Künstlichen Intelligenz die Rede. Tatsächlich: Computer sind klein und sehr klug geworden. Sie können fast alles, sogar zeichnen oder Musik komponieren. Computer schlagen einen Menschen nach dem anderen bei Dame, Schach und Poker. Sie lernen nicht mehr von den Menschen, sondern von sich selbst: In der Zeit, die der Mensch mit Schlafen und Essen verbringt, kann der Computer Tausende von Partien gegen sich selbst spielen. Unter diesen Umständen hat sich natürlich auch die Einstellung der Mathematiker zu Computern verändert.

Einige von ihnen haben sich voll und ganz der Informatik verschrieben – der Wissenschaft der Computertechnologien. Wie in der Mathematik sind hier praktische Probleme wie die Schaffung von Möglichkeiten zur Datenübertragung oder die Speicherung von Informationen eng mit theoretischen Problemen verknüpft, wie zum Beispiel der Algebra von Aussagen oder den Algorithmen der Berechnung.

Andere Mathematiker lehnten es ab, sich nur noch mit Computertechnologie zu befassen, und beschlossen, lediglich die Rechenleistung von Computern maximal zu nutzen, um ihre eigenen Probleme zu lösen und, was am wichtigsten ist, Theoreme zu beweisen.

Doch hier tauchte eine Schwierigkeit auf. Zwar war schon in der ersten Hälfte des 20. Jahrhunderts vereinbart worden, dass jedes Problem nur in Form eines bestimmten Algorithmus formuliert werden kann, doch es stellte sich heraus, dass das nicht mehr weiterführte.

Denn wenn man diesen Algorithmus in einen Computer eingibt, wird er ihm folgen, aber er kann nicht im Voraus sagen, ob der Prozess je ein Ende haben wird. Er wird also nicht mit Sicherheit sagen können, ob das Theorem beweisbar ist.

Und doch können Computer Mathematikern nicht selten eine Hilfe sein, nicht nur bei Berechnungen, sondern auch auf dem schwierigsten Gebiet – den Beweisen. Unabhängig vom Menschen versuchen automatische Systeme, Beweise für Theoreme zu finden, und halbautomatische Systeme arbeiten unter ihrer Leitung und Kontrolle.
Jeden Tag werden ihre Ergebnisse beeindruckender. Als Beispiel kann folgendes mit einem Computer als Koautor bewiesene Theorem dienen: „Ist es möglich, eine Menge von natürlichen Zahlen so in zwei Teile zu teilen, dass keine von beiden ein pythagoreisches Tripel enthält?“ Im Jahr 2016 hat ein Computer unter der Aufsicht von Wissenschaftlern zwei Tage lang gerechnet, bis er zu einem Ergebnis kam: Für Zahlen von 1 bis 7824 ist es möglich, und sogar auf verschiedene Weise. Aber von der Zahl 7825 an geht es nicht mehr.

Bis vor Kurzem hieß es, man müsse nur alle Regeln und Gesetze programmieren und diese Programme auf eine Festplatte schreiben – dann wird jeder Computer, in den die Festplatte eingebaut wird, auf der Stelle so intelligent werden wie ein Mensch. Es hat sich aber herausgestellt, dass das so einfach nicht ist. Heute lernen selbstlernende Roboter wie Kinder durch Erfahrung. Wie bringt man einem Roboter beispielsweise bei, das Foto eines Menschen von einem x-beliebigen anderen Bild zu unterscheiden? Ganz einfach: Wir zeigen ihm viele verschiedene menschliche Gesichter, mischen menschenähnliche Gesichter von Aliens und Robotern darunter und erklären ihm, wer wer ist. Und schon fängt der Roboter an, zielsicher richtige Gesichter von den anderen Bildern zu unterscheiden.

Wie ist es zu den ganz großen mathematischen Entdeckungen gekommen? Welche Ereignisse und Umstände haben dazu beigetragen? Es gab Zeiten, in denen die praktischen Bedürfnisse der Menschen die Wissenschaft vorantrieben, und andere, in denen die abstraktesten Aufgabenstellungen zu Theorien führten, die ihrer Zeit weit voraus waren und Jahrtausende warten mussten, bis sie angewandt werden konnten und Anerkennung fanden. Denn wieder einmal verlangte das Leben von den Mathematikern die Lösung akuter Probleme.

In der Geschichte der Mathematik haben sich die Vorstellungen davon, was diese Wissenschaft kann und soll, immer wieder ins genaue Gegenteil verkehrt. Soll sie praktische Probleme lösen oder ideale Modelle und Theorien entwickeln? Sollte sie in ein einheitliches System des Wissens integriert werden? Können wir alle Gesetze der Natur entdecken und alle Theoreme beweisen? Werden Wissenschaftler in Zukunft die gesamte moderne Wissenschaft – die derzeit in eine Vielzahl komplexer Themen zerfällt, die nur wenige Spezialisten verstehen – zu einer Theorie von allem vereinheitlichen können? Und schließlich: Wird dies alles Menschenwerk sein oder wird der Mensch durch künstliche Intelligenz ersetzt werden?

Mathematiker werden seit Langem von Rechenmaschinen unterstützt. Sie zählten schneller und genauer als der Mensch und haben nach und nach eine Vielzahl von Aufgaben gemeistert, die durch vorgegebene Algorithmen gelöst werden konnten. Heute wird eine selbstlernende künstliche Intelligenz entwickelt, die weit schneller und genauer lernen und denken kann als ein Mensch.

Wird sie vielleicht in naher Zukunft klüger sein als der Mensch?

Siri und Alexa können in fast jeder Sprache über jedes Thema sprechen. Auch wenn wir sie noch leicht in Verlegenheit bringen können und uns über sie lustig machen, glauben die Wissenschaftler, dass sie bald lernen werden, uns genauso gut zu verstehen wie jeder andere Gesprächspartner: Durch das Erlernen aller Feinheiten und Nuancen der Sprache werden sie in einer Weise reagieren können, die sich nicht von menschlichem Verhalten unterscheidet. Die Frage, ob sie uns dabei wirklich „verstehen", verliert dabei ihren Sinn. Kann es sein, dass die Mathematiker der Zukunft nicht nur der künstlichen Intelligenz Aufgaben geben, sondern sich auch selbst neue Fragen stellen?

Die Geschichte der Ideen und Entdeckungen zeigt, dass jedes Mal, wenn die Wissenschaft einen geraden Weg ging, wenn sie ein klares Ziel zu haben schien und alle Entdeckungen von nun an gewiss Schlag für Schlag gemacht werden würden, plötzlich eine ganz neue Herausforderung auftauchte – ein neuer Zweig der Wissenschaft und Ideen, die dazu zwangen, das gesammelte Wissen zu überdenken. Und wenn wir uns vorzustellen versuchen, wie viel Neues es noch geben wird, kann uns dabei ganz schwindelig werden. Es könnte sogar sein, dass eine Leserin oder ein Leser dieses Buchs an einer der künftigen Entdeckungen beteiligt sein wird. Aber ihr müsst euch beeilen, damit die Computer es nicht vorher schaffen, alles Interessante in ihre mechanischen Klauen zu bekommen.

Ein verlagsneues Buch kostet in ganz Deutschland und Österreich jeweils dasselbe. Das liegt an der gesetzlichen Buchpreisbindung, die dafür sorgt, dass die kulturelle Vielfalt erhalten und für die Leser:innen bezahlbar bleibt. Also: Egal ob im Internet, in der Großbuchhandlung, beim lokalen Buchhändler, im Dorf oder in der Stadt – überall bekommen Sie Ihre verlagsneuen Bücher zum selben Preis.

MIX
Papier | Fördert gute Waldnutzung
FSC® C106600
www.fsc.org

Klimaneutral
Druckprodukt
ClimatePartner.com/13916-1911-1001

Dieses Buch ist auf Papier gedruckt, für das nur Holz aus nachhaltiger Forstwirtschaft verwendet wurde.

All unsere klimaneutral gedruckten Novitäten und Nachdrucke finden Sie auf climatepartner.com unter Angabe der ID 13916-1911-1001. Hier erhalten Sie auch Einblick in die Windenergie- und sozialen Projekte, die wir mit Ihrer Hilfe unterstützen.

www.peshkombooks.ru
Marija Astrina
Josif Rybakow
MATHEMATIK: EINE GESCHICHTE DER IDEEN UND ENTDECKUNGEN
Illustration: Natalja Jaskina
Wissenschaftlicher Redakteur: Ewgeni Schirjajew, Leiter des Labors für Mathematik an der Polytechnischen Universität
Redakteure: Ekaterina Stepanenko, Olga Kravets, Nadeschda Bolotina, Jekaterina Swiridowa,
Layout: Xenija Kolowerschina, Anna Sadownikowa

2. Auflage 2023
Für die deutschsprachige Ausgabe:

Aus dem Russischen von Edmund Jacoby
Fachliche Beratung: Jennifer Day-Betschelt

Druck und Bindung: DZS Grafik, d.o.o, Ljubljana
Printed in Slovenia
ISBN 978-3-96428-134-0
www.jacobystuart.de

ALTE WELT

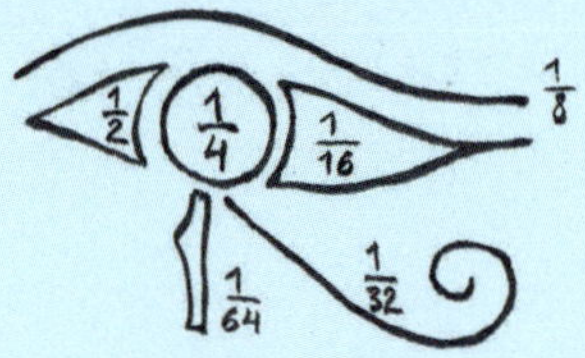

Die ersten Brüche

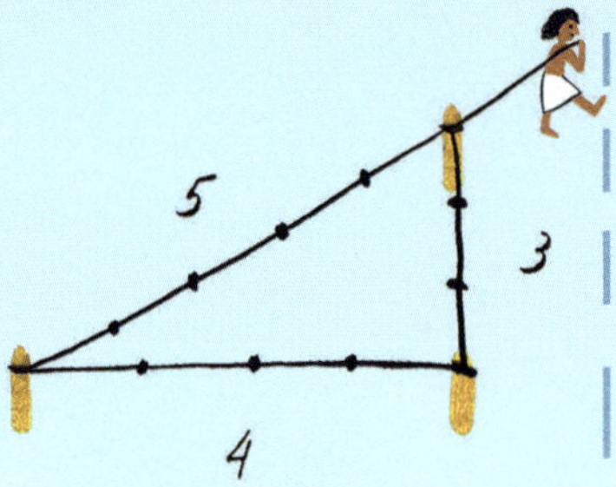

ägyptisches Dreieck

Aufgaben zur Unterhaltung

Sonnenfinsternis kann berechnet werden

ALTES GRIECHENLAND

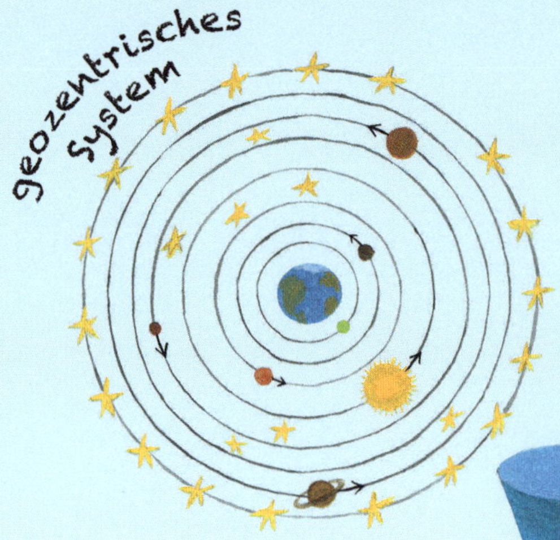

$$5x + 3y = 7y + 5x + 10$$

richtige Lösung einer Gleichung

Kegelschnitt

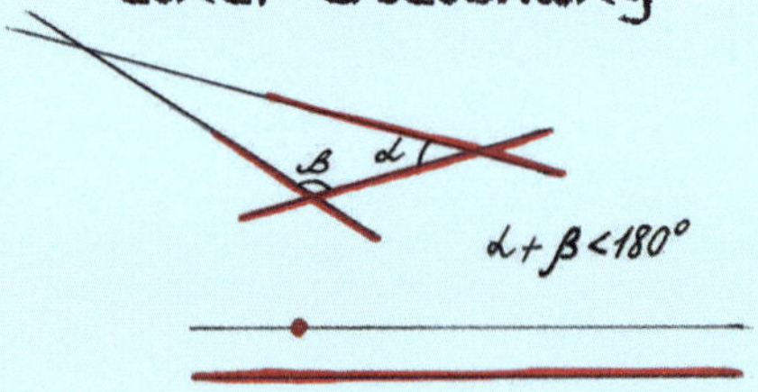

Axiome und Theoreme

Kugelvolumen

Logische Gesetze

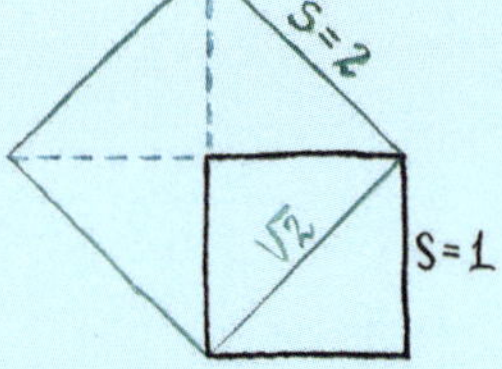

Wurzel aus 2

MITTELALTE

Abakus

Das Buch der indischen Rechenweise

3	1	60
1	2	70
6	2	120
1	2	70
5	0	50

negative Zahle

null und unendlich